产地农产品
质量安全舆情信息监测与应对策略

赵善仓 ◎ 主编

中国农业科学技术出版社

图书在版编目（CIP）数据

产地农产品质量安全舆情信息监测与应对策略 / 赵善仓主编．—北京：中国农业科学技术出版社，2020.8

ISBN 978-7-5116-4766-5

Ⅰ.①产… Ⅱ.①赵… Ⅲ.①农产品-质量管理-安全管理-研究-中国 Ⅳ.①F326.5

中国版本图书馆 CIP 数据核字（2020）第 086145 号

责任编辑 金 迪 崔改泵
责任校对 贾海霞

出 版 者 中国农业科学技术出版社
北京市中关村南大街 12 号 邮编：100081
电 话 (010) 82109194 (编辑室) (010) 82109702 (发行部)
(010) 82109703 (读者服务部)
传 真 (010) 82106650
网 址 http://www.castp.cn
经 销 者 各地新华书店
印 刷 者 北京建宏印刷有限公司
开 本 710 mm×1 000 mm 1/16
印 张 9.75
字 数 143 千字
版 次 2020 年 8 月第 1 版 2020 年 8 月第 1 次印刷
定 价 56.00 元

《产地农产品质量安全舆情信息监测与应对策略》

编 委 会

主　　编：赵善仓

副 主 编：董燕婕　赵领军　王　磊

参编人员：范丽霞　梁京芸　胥清翠

　　　　　苑学霞　王　剑　张楠平

顾　　问：张树秋　李祥洲

前　　言

农产品质量安全直接关系人民群众身体健康和社会和谐，关系农业产业健康可持续发展。近年来，农产品质量安全负面舆情多发，产地农产品质量安全舆情（简称产地舆情）更是成为农产品质量安全负面舆情的重灾区，例如“甲醛白菜”“膨大剂西瓜”等，几乎每年都有新闻报道。产地舆情的发生，既对公众的消费安全构成了消极影响，也给产地农产品的产业发展安全带来巨大风险，必须引起足够的重视。我们要建立健全的舆情监控体系和机制，及时了解最新的产地舆情信息并进行分析，进而做出应急管理方案，不断地提高农产品质量安全突发事件应急管理水平和能力，从源头上控制农产品质量安全隐患，减少或避免农产品质量安全突发事件发生，确保广大人民群众“舌尖上的安全”。

本书以农业农村部农产品质量安全监测分析项目 2013—2019 的产地农产品质量安全舆情监测与分析研究为基础，系统全面地总结产地农产品质量安全舆情信息监测分析与应对措施研究的成果，较全面地分析了产地农产品质量安全舆情发生发展、舆情监测应对措施，并对典型案例做出明确的诊断和科学的解读，以期对我国产地农产品质量安全事件的应对处置有所裨益。

本书的出版得到了农业农村部农产品质量安全风险评估项目、山东省农业科学院农业科技创新工程的支持，山东省农业农村厅农产品质量安全监管处、山东省农业科学院农业质量标准与检测技术研究所领导的指导和帮助。本书在编纂过程中参考了同行专家、网络上有关专家的科研成果，参考文献未能一一列出，在此一并表示衷心感谢。

鉴于作者水平有限，书中存在的疏漏与不足之处，敬请广大读者批评指正。

编者

2020 年 3 月 16 日

目　录

第一章　产地农产品质量安全舆情概述

农产品质量安全，是指农产品质量符合保障人的健康、安全的要求。农产品质量安全直接关系人们身体健康和社会和谐，关系农业产业可持续发展，关系全面建成小康社会目标的实现，是政府关心，消费者、生产者和媒体关注的热点问题。党的十九大明确提出“实施食品安全战略，让人民吃得放心”，把食品农产品质量安全问题提高到了国家治理战略的高度。

农产品质量安全舆情指的是以与农产品质量安全有关的事件为核心，通过媒体和互联网表达和传播，公众对在农业活动中获得的植物、动物、微生物及其产品是否符合保障人的健康和安全要求所持有的多种情绪、态度、意见和观点的表达、传播与互动，以及后续影响力的集合（李祥洲，2015）。主要分为3类：安全风险类、谣言炒作类、政策法规类。安全风险类舆情是由于生产者违规或违法操作、使用农业投入品，使农产品质量出现风险隐患，并对公众健康造成危害或潜在危害的舆情，是产地环节最受关注和多发的农产品质量安全舆情。谣言炒作类舆情多是由于部分网民和媒体记者缺乏农产品生产、消费科学知识，偏听偏信，以讹传讹，盲目甚或恶意炒作，导致谣言滋生蔓延，并对相关产业造成较大的负面影响。政策法规类舆情主要包括国家及各级农业部门发表的与农产品质量安全有关的重大决策部署、重要法律法规、制度措施、标准制修订等，农产品质量安全突发事件的应急处置情况，农产品质量安全监管、检测、评估和认证等部门及行政执法人员职责履行情况等。

在新媒体环境下，网络作为主要的传播手段，使得舆情传播快、数量高发且具有突发性、碎片性及复杂性，即使极个别的农产品质量安全问题事件，也有可能引发舆论的震动。作为农产品生产的源头，产地环节包括产地环境、种养殖过程、投入品使用、收贮运及初加工等环节，每一个环节都有可能引发农产品质量安全舆情，从而影响农产品质量安全及相关产业的健康发展。

近年来，农产品质量安全负面舆情多发，产地农产品质量安全舆情（简称产地舆情）更是成为农产品质量安全负面舆情的重灾区，例如“毒生姜”“套袋苹果”等，而且发生的频率很高，几乎每年都有发生，常常给产业带来严重冲击。其原因有4个：一是随着社会经济的快速发展、物质的极大丰富，民众对健康的要求日益提高，多元化、个性化、特质化、定向化、多变性、多层次成为消费常态，这些多元的需求，尤其是对农产品某方面特性的过分追求，不仅使得现阶段农产品质量安全水平缺口凸显，有时还间接催生了农产品质量安全隐患。二是食品安全已成为社会公众关注的焦点问题之一，而农产品作为食品的源头，其质量安全问题也日益受到广大媒体和网民的关注和讨论。三是产地舆情包涵了产地环境、生产过程、收储运与屠宰、产地准出等环节，与农产品质量安全舆情关联的要素众多，任何一个环节或者任何一个影响农产品质量安全的因素出现问题，都会引发农产品质量安全的负面舆情。四是消费群体和媒体对农产品质量安全负面舆情异常敏感并且零容忍，一个小的事件，通过媒体的反复炒作，也可能引发大规模舆情的爆发；政府如对舆情农产品处置不及时，对相关涉事人员惩罚不当，监管部门执法不严等，也可能激发消费者的负面情绪。

产地农产品质量安全舆情的发生，既对公众的消费安全构成了消极影响，也对产地农产品产业发展安全带来巨大危害，必须引起足够的重视。建立健全的舆情监控体系和机制，及时了解最新的产地舆情信息并进行分析，进而做出应急处置方案，不断地提高农产品质量安全突发事件应急管理水平和能力，从源头上控制农产品质量安全隐患，减少或避免农产品质量安全突发事件发生，确保广大人民群众“舌尖上的安全”具有十分重要的意义。

第一节　农产品质量安全网络舆情

随着移动互联网技术的发展，越来越多的人通过网络获取信息，在微博、微信、BBS、QQ、博客上议论时事，针砭社会，在诸多社会热点问题上，搅动社会人心。网络舆论已经作为一种新型的社会舆论方式进入了大众的视野，自2012年起，网络媒体已经远远赶超传统媒体，成为农产品质量安全事件的主要传播者（张蕾，2011）。

一、网络舆情的概念

网络舆情是以网络为载体，以事件为核心，广大网民情感、态度、意见、观点的表达、传播与互动，以及后续影响力的集合。因此产地农产品质量安全网络舆情就是广大网民在互联网上对有关产地农产品质量安全问题的情绪表达。“互联网+”时代的微信、朋友圈等各类新媒体影响力与日俱增，网络舆情的载体平台呈现多样化的元素。网络媒体和传统媒体相互借力，更加助推信息的蔓延、传播，推动农产品质量安全有关热点事件发展（钟永玲，2018）。

网络媒体对于农产品质量安全问题的放大和炒作，大大增加了农产品质量安全监管工作的难度，严重挫伤消费者信心，同时还会给产业发展带来严重损失，甚至引发毁灭性打击，影响社会和谐和经济发展，做好网络舆情的引导、管理应对是势在必行的。因此我们必须抓住大数据时代带来的网络舆情创新应对管理的新机遇，了解网络舆情传播的模式，关注每一个事件被转载、传播过程中的各个节点，把握相关性，分析网络舆情背后网民互动交流的主要原因，以及网络族群之间的差异性，不断从这些节点的样本中提取最有效的数据，让突发事件造成的网络舆情分析的结果更加客观可靠，制定出精准的网络舆情应急管理机制和体系，让整套体系形成产业化、自动化，实现新时期网络舆情管理的升级转型。

二、农产品质量安全网络舆情定义

根据网络舆情的定义，结合《中华人民共和国农产品质量安全法》对“农产品”和“农产品质量安全”的定义，我们将农产品质量安全网络舆情定义为：以网络为载体，以与农产品质量安全有关的问题事件为核心，通过互联网表达和传播的，网民对在农业活动中获得的植物、动物、微生物及其产品是否符合保障人的健康、安全要求所持有的多种情绪、态度、意见和观点的表达、传播与互动，以及后续影响力的集合。农产品质量安全网络舆情监测是指在网络空间应用计算机软件系统及相关技术等对农产品质量安全网络舆情进行监测、分析与研判，把握网络舆情的导向、特点和趋势，提供及时、可靠的舆情信息，为管理部门的决策服务。这就是说，农产品质量安全网络舆情监测的目的任务，一方面是监测获得有关数据，同时也要在问题事件发生后，对网络民意的有效数据进行科学筛选、统计分析研判，并就如何响应提出科学的建议。

第二节　产地农产品质量安全舆情风险因素

党的十九大报告明确，“实施食品安全战略，让人民吃得放心”。民以食为天，食以安为先，食品安全的源头在农产品，农产品质量安全的源头在产地。在农产品产地环节，从产地环境，农药、化肥、饲料及饲料添加剂等投入品，到生产及初加工、贮存等，各个环节都有可能存在安全隐患，从而影响农产品质量。

一、产地存在质量安全风险隐患的重点产品

1. 种植业产品

主要包括粮食作物、油料作物、蔬菜、水果及其他经济作物等。粮食作物主要包括大米、小麦、玉米、土豆等，“镉大米”事件就是大米重金属镉超标

引发的舆情事件。油料作物包括油菜、花生、大豆、芝麻等榨油用的作物。蔬菜类农产品可以分为五类：①叶菜类；②根茎类；③果菜类；④豆类；⑤葱蒜类。水果类产品包括仁果类（苹果、梨等）、柑橘类（橘、柑、橙等）、浆果类（葡萄、草莓等）、瓜果类（西瓜、香瓜等）。食用菌及其制品类，常见的食用菌有：香菇、草菇、蘑菇、木耳、银耳、猴头等。其他经济作物如糖料作物（甘蔗）、茶、香辛料（花椒）等。种植业产品安全隐患主要存在于作物种植、生长、收获、储藏、运输等各个生产环节，包括生产管理（农药及生长调节剂、肥料、农膜、农机等）、产地环境（周边设施环境、灌溉水、土壤、空气等）、运输过程（运输设备等）、储藏条件（储藏设备等）等各方面。舆情主要为禁限用药的违规使用、非法添加非食用物质和微生物毒素污染等问题。因此，需对投入品及其引发的代谢物或者其他次生物质、作物自身产生或者外部行为不当而诱发的有毒物质（生物毒素类等）、环境污染造成的有害污染物（农药类、兽药类、化学工业品等）、致病微生物和重金属等信息进行搜集整理和分析研究。

2. 畜禽业产品

包括肉（猪、牛、羊、禽、兔）、蛋（鸡、鸭、鹅、鹌鹑等禽蛋）、奶（牛奶、羊奶、马奶）、蜂产品（蜂蜜、蜂王浆、蜂花粉）以及副产品，比如毛肚、内脏等。近年来舆情多发的主要为猪、鸡、鸡蛋和生鲜乳产品。近年来，涉及舆情事件发生的因素，首先为兽药残留，如“速生鸡”事件，部分养鸡场违规使用金刚烷胺等抗生素和地塞米松等激素来养殖肉鸡，并提供给较大的快餐企业，从而引发了全民关注，“瘦肉精”事件则是在猪的养殖过程中非法饲喂瘦肉精所引发的；其次为致病菌，禽肉中沙门氏菌等也引发了大众的讨论，席卷欧洲的“毒鸡蛋”事件是因为禽舍消毒违规使用杀虫剂——氟虫腈而引发的。舆情主要为违禁兽药及抗生素残留超标、疫病动物流入市场和屠宰加工不规范等问题，需要对饲料中的违法添加物（抗生素、瘦肉精、防腐剂等）、残留的兽药及代谢物、环境污染或贮运不当造成的有毒物质（致病微生物、重金属等）等方面的信息进行搜集整理和分析研究。

3. 水产品

水产品是海洋和淡水渔业生产的动植物及其加工产品的统称，主要的品种为鱼类、蟹类、虾类、贝类和植物性海产品等。对虾中氯霉素、多宝鱼中硝基呋喃超标事件均为水产品引发的舆情。涉及舆情事件发生的因素首先为抗生素残留，目前常见的因残留超标引起水产品质量安全事件的药物主要有氯霉素、孔雀石绿、硝基呋喃类代谢物。由于水产品种类众多、公众的水产品消费知识有限等原因，水产品成为食品安全谣言的重灾区之一，所产生的负面影响极大。农业农村部的数据显示，仅2017年年初爆发的“塑料紫菜”谣言就给福建的紫菜产业造成近亿元损失。虾、蟹等甲壳类是产生质量安全谣言最多的水产品种类。农兽药残留超标、环境污染引发的质量安全问题、微生物污染、寄生虫感染与含有有毒有害物质是养殖捕捞环节水产品质量安全的主要风险。杀菌剂及保鲜剂孔雀石绿、甲醛等危害因子是经营环节水产品不合格的主要原因。

应对饲料中的违法添加物（抗生素、激素等）、养殖和捕捞后水产品中药物及代谢物残留、环境污染或贮运不当造成的有毒物质（致病微生物、重金属等）、寄生虫等方面的信息进行搜集整理和分析研究。

二、产地质量安全风险隐患发生的环节

产地的质量安全风险存在于农产品生产的产前、产中、产后全过程，见图1.1。

1. 产前风险

产前风险主要来源于产地环境，农产品的质量与产地环境密不可分，良好的农业生产环境是农产品安全生产的前提和保证。产地环境主要包括土壤、农田灌溉水质、畜禽养殖用水水质、渔业水质、大气质量等，既为农业生产提供载体，又直接为农作物、畜禽、水产等供给养分、水分等生长所必需的物质。

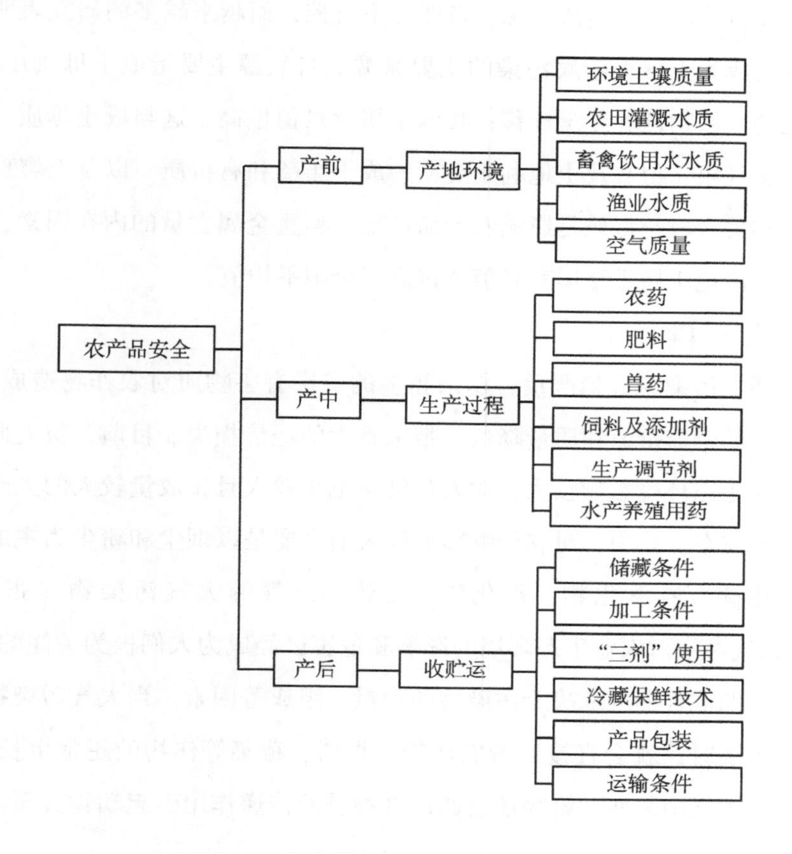

图 1.1　产地环节农产品质量安全风险

（1）土壤污染

土壤污染主要分为：重金属污染物、有机污染物、固体废物与放射性污染物。目前，土壤污染已经成为影响农业生产的最主要因素，过量、耗竭式地使用土壤，土壤生态系统退化，加上污染是零星的、分散的和累积性的，土壤中的污染物通过农产品传递，导致农产品质量下降，对人体健康产生危害（赵善仓，2014）。

农产品产地土壤重金属能够通过食物链进入植物，进而进入人体或其他动物体内富集，对食品安全和人体健康造成严重威胁。土壤重金属污染主要有两个方面，即自然源和人类活动源。自然源不可控，而越来越多的研究表明，人类活动源已成为土壤重金属污染的主要来源。自然源主要指成土母质在风力、水力搬运的自然物理和化学迁移；我国土壤背景值偏高，这与成土母质、地形地貌、水文气象、植被及土地利用类型、成土年龄和有机质，以及土壤理化性质等息息相关。成土母质是影响农产品产地土壤重金属含量的内在因素，部分主要农产品产地土壤重金属背景值普遍高于全国平均值。

（2）大气污染

随着环境污染的日趋严重，越来越多的有毒有害物质对农作物造成危害，使得农产品的营养价值和质量降低，带来重大的经济损失。目前，被人们注意到或已经对生态环境影响较大、对人类健康威胁较大且排放量较大的大气污染物有100种左右。其中，对农作物影响较大的主要是以烟尘和粉尘为主的颗粒物、二氧化硫、氮氧化物、氟化物、乙烯、氯气等大气污染物（张树秋，2015）。大气污染对农业生态环境的影响和危害已经成为人们极为关注的问题，其对农产品的危害程度取决于污染物的剂量、组成等因素。当大气污染物含量超出一定范围时，就会直接影响农作物、果树、蔬菜等作物的正常生长发育，更严重的是大气中某些污染物还会通过食物链的传递作用引起动物甚至人类患上疾病或死亡。

（3）水污染

水污染即城市生活用水、工业废水、农业污水等大量排放到河流、湖泊和地下水等水体中，导致水体污染。水污染物质多种多样，不同物质对水体的污染程度各不相同，但是受到污染的水资源对农业的影响却非常大。农作物的生长离不开水，一旦受污染水源被直接或间接引入到农田中，导致土壤板结、盐碱化，会使农作物的生长受到影响，降低农作物的产量，影响农作物的品质，且有毒物质在农作物中大量富集，人们食用了这些食物后，对身体也会产生一定影响。

2. 产中风险

产中风险主要为农业投入品使用不合理风险。农业投入品包括种植业、养殖业生产中使用的农药、肥料、种子、兽药（渔药）、饲料、饲料添加剂，用于农业初级产品生产、加工、储运的保鲜剂、防腐剂、添加剂等材料及其他用于农产品可能影响农产品质量安全的物品（李祥洲，2017）。

我国农业以化学农业生产模式为主导，即高度依赖于化肥、农药、兽药、饲料添加剂、抗生素的使用，使得农业自身污染日益突出，造成农产品中有毒和有害污染物残留超标。植物产品在种植过程中，影响其质量安全的农业投入品主要包括农药、肥料、塑料薄膜、兽药、饲料等（陈业兵，2013）。

（1）农药

农药的不合理使用是影响其质量安全的首要风险隐患，也是引发舆情最多的一个风险因素。其主要表现在化学农药用量较大，农药适用作物或生育期不当，激素类农药使用不合理，用药剂量和用药次数超标，用药时机和方法不当，高毒、高残留农药危害仍然存在，农药使用后安全间隔期未满就采摘上市销售，缺乏对蔬菜生产环节中农药使用的制约机制。第二次全国土地普查结果显示，我国约有 1 600万 hm^2 农业耕地遭受农药污染，占总耕地面积的 12%左右，每年 180 万 t 的农药用量，有效利用率却不足 30%。不断加剧的农药使用，使得农药在农产品中造成残留，尤其是毒性大、残留时间长、不易分解的农药对农产品的污染更为严重。

植物源性产品的农药残留主要来自种植过程中农药的直接污染及产地环境的间接污染。农户施用农药过程中或施药后，部分药剂可能会直接附着在作物表皮上，或可能渗透到作物组织内部并输送到整株。进入植株组织内部的农药部分会被降解消失，而药剂性能稳定的农药成分则可能长期残留在植物体内，包括可以供人类食用的果实内层等。一般而言，用药次数越多、用药量越多，农产品中残留的农药量也越多。土壤、水体和空气中的部分农药药剂残留期限长达几年甚至几十年，作物可能通过根部或叶片代谢而吸收残存在土壤、水体和空气中的农药，进入植株组织，并危害到农产品质量。动物源性产品由于食用大量被农药污染的饲料、原料，从而造成农药在体内的聚集，其危害也不容忽视。

（2）兽药

兽药的滥用、超量及非法添加物的使用也是引发舆情的一个重要因素。随着人们对动物源食品由需求型向质量型的转变，动物源食品中的兽药残留已逐渐成为全世界关注的一个焦点。兽药在防治动物疾病、提高生产效率、改善畜产品质量等方面起着十分重要的作用。然而，由于畜禽养殖场（户）不了解药物添加剂的性能和使用规定，只追求生产利润，滥用、超量使用抗生素类药物和非法使用违禁药物，出栏前又不严格执行休药期，导致药物残留严重超标。

兽药残留对农产品质量安全的危害主要是通过养殖过程中兽药对动物的直接污染和产地环境的间接污染，以及收贮运环节的不合理保鲜造成的。大量外源性化学物进入畜产品中，使动物性产品中药物残留越来越严重，对人类的健康和公共卫生构成威胁，这包括对消费者的直接毒性作用，如引起急慢性毒性作用、过敏反应及致畸、致癌和致突变作用。抗生素药物残留会造成病原菌耐药性增加，并对人类胃肠道正常菌群产生不良影响，致使正常菌群平衡被破坏，从而导致致病菌大量繁殖，增加人类疾病的治疗难度。各类大型养殖场的动物使用兽药和添加剂后，大部分以原药和代谢产物的形式经动物的粪便和尿液进入生态环境中，对土壤环境、水体等带来不良影响，并通过食物链对生态环境产生毒害作用，影响其中的植物、动物和微生物的正常生命活动，最终将影响人类的健康。

（3）肥料

肥料的不合理使用也是引发舆情的一个重要指标。据调查，我国粮食产量占世界的16%，化肥用量占31%，每公顷用量是世界平均用量的4倍，过量施用氮肥可能增加各种农产品尤其是蔬菜中硝酸盐的含量。残留的硝酸盐在以后的加工过程中很可能转化为亚硝酸盐，从而危害人类的健康。生产者普遍不重视测土配方平衡施肥，不懂农产品的需肥规律，存在盲目施肥、化学肥料偏多、有机生物肥料偏少的问题，造成营养失衡，且大量的氮肥造成土壤富营养化，生成亚硝酸盐，污染了土壤，通过吸收和侵蚀，造成农产品污染（董燕婕，2014）。在叶面肥的选择上，常常存在理解误区，例如将普通的叶面肥误解为“甜蜜素”，例如2018年7月在绥化市兰西县出现的“嘎嘎甜的香瓜”。

（4）饲料

饲料安全是畜产品安全的前提和保证。饲料污染包括饲料中的重金属污染、霉菌毒素和农药残留污染。污染饲料的重金属有汞、镉、铅、砷等，主要来自地区土壤、饲料原料和饮水中某些有毒元素含量过高以及工业三废污染；饲料的霉菌毒素污染危害最重的当属黄曲霉毒素污染，饲料中水分的含量是影响霉菌菌相及其增值的最重要因素，其次是温度、氧气。霉菌与霉菌毒素污染饲料后可以引起畜禽急性中毒或慢性中毒，可对动物免疫系统造成破坏，有的霉菌毒素还具有致癌、致突变和致畸等特殊毒性表现。饲料污染霉菌后饲喂动物，可使动物中毒。我国每年有数万吨有机氯和有机杀虫剂撒在地面，直接导致饲料的农药污染。长期食用被农药污染的饲料，不仅诱发畜禽各种疾病，而且严重影响畜禽肉品质的质量。

（5）农膜

农膜污染是自20世纪80年代以来新产生的一种“白色污染”。地膜覆盖近年来在山东省发展迅速，年消耗24万t左右，覆盖面积达150万hm^2。由于地膜覆盖后回收较难，自行分解极慢，残留量越来越大，严重影响农作物的生长、污染环境，农膜污染问题比较突出。2017年全国农膜使用量达260万t，其中地膜约170万t，回收率约60%。农膜污染是由于它是难降解的有机化合物，即持久性有机污染物，残留于土壤或被烧掉产生的二噁英等都会污染环境，每年农膜回收率不足2/3。生物质焚烧、燃煤和焦化企业多环芳烃的排放比例分别为60%、20%和16%，其中京津冀地区的草、木材和煤炭等燃烧对多环芳烃的贡献占绝大部分。汽车尾气排放及石油类产品等也是多环芳烃、苯系物等有机污染物的来源。

（6）品种

农产品品种选择上常出现盲区也是影响农产品质量安全的一大因素。生产者在选择农产品品种上只重视产量和农产品的外观形状，看到别人买什么品种或经销商推广什么品种就买什么品种，只要产量高就行，而不管该品种是否优质、是否抗病、抗虫，如果选择了抗性弱的品种，易造成病虫害，从而导致用药量的增大。

（7）农业标准化

农产品生产组织化、标准化程度低影响农产品质量安全的进一步提升。当前，在家庭联产承包责任制基础上，经营组织主体规模小，生产的产品种类全且杂，千家万户分散生产，是一种各家各户独立经营的家庭种植模式。这种模式对农业产业化水平的提升起到了限制作用，不利于形成生产的规模效应。作为有限的"理性经济人"，农户为追求个体利益最大化，在农产品种植、养殖过程中过量施用或者滥用农药、化肥、兽药和饲料添加剂等农业投入品，造成的直接结果是初级农产品有毒有害物质和违禁药物残留超标。由于化学品性质稳定，不易降解，在食物链、环境和人体中可长期残留，严重危害人类身体健康。

3. 产后风险

大数据显示，每年农产品产后损失超过 3 000亿元，这是相当于 1.5 亿亩耕地的投入及产出被浪费了。农产品产后安全隐患主要存在于以下几个方面：收获纯净度、储藏条件、加工企业卫生制度、加工企业环境条件、加工中添加剂使用、产品质量检测、冷藏保鲜技术、从业人员卫生健康状况、产品包装质量、运输条件、消费者消费行为等。产后风险主要包括收贮运环节风险、加工环节风险等。

农产品收贮运是指农产品从生产领域向消费领域的转移过程及结果，由于农产品自身具有地域的分散性、生产的周期性、贮藏的特殊性，因此决定了农产品收贮运的特殊性。

我国农产品收贮运和销售模式基本上是以散、小、低为主。我国农产品收贮运主体众多、参差不齐，包括农产品收购、产地批发商、中间商、零售商等，较长的环节产生多次包装、运输、装卸，造成过高的收贮运成本。据统计，从摘取运送到储存等环节，果蔬损失率约为25%～30%，每年亏损数千亿元。此外，我国农产品物流事业起步较晚、发展速度较慢，冷链物流技术和设施也相对比较落后，当前的农产品物流技术无法完全满足市场需求，为了农产品保鲜，在收贮运环节中可能需要添加一定的保鲜剂、防腐剂等，增加了农产品质量安全风险。非专业化的运输和贮存可能使原本符合安全标准的产品混入有毒有害物质，导致农产品受到致病性细菌、病毒和毒素等污染，最终变成“问题农产品”。

农产品加工作为农业生产与市场连接的纽带，随着加工科技水平的提升和生活水平的提高，人们对农产品加工及其综合利用的要求越来越高，农产品加工业快速发展，但由于我国尚未建立严格的农产品加工质量监管体系，无法全面监控生产加工过程。相比国外发达国家的农产品精深加工及综合利用技术，我国农产品加工环节比较薄弱，产品损耗率高，产业化经营质量不高，产品附加值较低。多数农产品加工企业加工装备研发投入不足，加工设备陈旧、技术水平低，农产品加工行业缺少相应的行业标准。以乳品加工企业为例，“三聚氰胺”事件后，伊利、蒙牛等少数大型乳品企业对初加工、运输环节实行全程质量监控，但多数小型乳品企业很难做到。

此外，分散的农户经营模式使得农产品加工企业的原材料供应时间、质量、品种得不到有效保证。部分企业自身条件有限，缺少必要的检测设备或设备简陋老化，难以及时对原材料进行质量检测，以致出现质量安全问题后，难以跟踪溯源，各环节相互推诿。部分企业加工场地卫生状况差，设施设备设计不合理、加工人员卫生管理不严格等，也会影响农产品的安全与质量。

三、产地农产品质量安全风险隐患形成的原因

1. 产地环境的污染

（1）工业“三废”对产地环境的污染

20世纪80年代以来，工业“三废（废水、废气、废渣）”对农产品产地

的危害由局部向整体蔓延。2017 年我国废水排放量为 699. 7 亿 t，其中，工业废水排放量 181. 6 亿 t，地表水污染非常严重，污水灌溉（污灌）已经成为非常普遍的现象。资料显示，山东、天津、北京、河北、河南、山西、陕西等省市，其污灌面积占全国污灌总面积的 86. 56%。其中，山东省污灌面积为诸省之首。超标后的污灌水不断侵蚀农田，造成土壤和作物污染，进一步导致地下水污染，并通过有害气体、病菌、虫卵等对人体健康产生危害。大气环境质量的好坏直接影响着农作物的产量和质量，如果大气受到污染，就会对农产品生产带来直接或间接的不良影响和危害。大气污染不仅对农作物的生长造成危害进而引起经济损失，还可通过食物链引起以植物为食物的动物产生疾病，甚至死亡，带来间接的经济损失。大气环境中对农产品生产产生影响较大的污染物有二氧化硫、氮氧化物、总悬浮物（TSP）及氟化物。二氧化硫在大气中分布很广，在干燥的空气中较稳定，但在湿度大的空气中就会被氧化为三氧化硫，形成酸雾和酸雨，造成危害。大气中的氮氧化物主要是人为活动产生的。氟化物是对植物毒性很强的污染物，其中以氟化氢为代表，危害植物的症状主要在嫩叶、幼芽上发生。氟化物是一种积累性毒物，即使在大气中浓度不高时，也可通过植物吸收而富集，然后以食物链来影响动物和人体健康。大气中颗粒物可沉降于土壤、植物体或被作物吸收，造成粮食、蔬菜等减产和品质下降。工业废渣是指在工业生产中排放出的有毒的、易燃的、有腐蚀性的、传染疾病的、有化学反应性的以及其他有害的固体废物。工业废渣的长期堆存不仅占用大量土地，长期堆存，经过雨雪淋溶，可溶成分随水从地表向下渗透，向土壤迁移转化，富集有害物质、使堆场附近土质酸化、碱化、硬化，甚至发生重金属型污染。工业废渣在雨水、雪水的作用下，流入江河湖海，会造成水体的严重污染与破坏。工业废渣在存放过程中，某些有机物质发生分解，产生有害气体，对空气造成污染。采取焚烧方法处理固体废物时排出的烟尘和有害气体也会污染大气。2011 年曾有报道称，山东省平度市门村镇窦家疃村农田附近的石墨厂和硅酸盐厂排污，导致百亩麦田覆盖粉尘，无法收割，造成了巨大损失。

（2）面源污染

农业投入品是指种子、苗木、种畜禽、农药、兽药、渔药、化肥、添加剂、保鲜剂、农膜、农机具等产品，它既是农业生产辅助、保产增收不可缺少的保障，也是影响农产品质量安全的直接因素。传统的化学农业生产模式高度依赖化肥、农药、兽药、饲料添加剂和抗生素的使用，在生产过程中的过量投入，直接导致了我国农产品产地环境的污染。近年来由于在农产品生产过程中滥用农药（尤其高毒农药）、化肥、塑料薄膜等，使农业面源污染逐渐成为引起产地环境污染的一个重要因素。以山东省为例，自1995年至今，山东省化肥总用量一直稳定在1 300万 t（实物量）以上，其中氮肥用量730万 t左右，平均施用化肥2. 0t/hm^2，氮肥用量700kg左右。山东是个蔬菜生产大省，也是全国设施蔬菜发展的龙头和中心，用于蔬菜上的化肥施用量是蔬菜生长所需量的4~10倍。据调查，山东某县蔬菜基地平均化肥使用量达1 500kg/hm^2。与过度施肥相对应的是，肥料的利用率较低，多余的肥料都将进入土壤或水体形成污染。据有关部门统计，农田化肥利用率一般仅为30%~40%，包括挥发损失、反硝化脱氮、淋浴损失、随水流失、地面径流和冲刷，约有60%以上流失到环境中去。化肥中含有的重金属元素、放射性物质及劣质磷肥中含有的三氯乙醛、氟化物等，使农业环境和农产品重金属含量超标，造成污染危害。如在南四湖流域曾检出土壤中重金属超标较为严重。目前山东的大棚菜地大部分都处于土壤重金属轻污染状况。

农药使用量大、结构不合理、有效利用率低是造成农药对农业环境污染的主要因素。据农业部门的问卷调查显示，90%以上的农户在选购农药时首先考虑的是防治效果，70%以上的农户不知道蔬菜、瓜果等农产品农药残留超标会危害人体健康，90%农户使用农药时不采取任何安全防护措施，80%农户随意丢弃用过的农药包装物和剩余农药。统计资料表明，近几年山东省每年农药施用量均在13万 t以上，平均施用农药12kg/hm^2以上，全省农药总量中化学农药占总量的93. 3%，生物农药仅占6. 7%，其中，高毒、高残留农药占30%多。

田间施用农药时，大部分（40%～60%）农药洒落到农田地面，有些残存于农田土壤中，有些流失到江河湖库，有些（5%～30%）则飘散于大气中，从而造成对环境的污染；只有不超过10%（粉剂）或20%～30%（液剂）的农药或粘附在作物表面，或渗透到植物组织，或被作物吸收，因此各类农药的利用率较低，一般为10%～20%，高的也不超过30%。

农膜污染是自20世纪80年代以来新产生的一种“白色污染”，是指在田间耕作过程中为促进农作物的生长而使用农膜覆盖以保持水分或热量的过程中残留的塑料薄膜，由于其难以在短期内降解，破坏了土壤结构，阻隔了农作物对水肥的吸收从而影响农作物生长的现象。山东省地膜覆盖发展迅速，年消耗24万t左右，覆盖面积达150万hm^2。据对山东全省生态农业建设区的统计，农膜回收率仅有33%。地膜的主要成分是聚乙烯，覆盖后回收较难，自行分解极慢，残留在耕层土壤中的废膜会影响土壤的理化性状，妨碍作物根系的生长和水分、空气、营养元素的正常分布和运行，严重影响农作物的生长、污染环境。据统计，目前山东全省平均每亩农田残留地膜约5kg、4 300片，残留率为20%～30%。

畜牧业的长足发展和大型饲养企业的形成，在促进经济发展的同时，又不同程度地产生了一些负面效应。随着畜禽养殖量的增加，伴随而来的是畜禽粪便和其他废弃物数量也大量增加，无害化处理滞后。据测算，近几年，山东省每年畜禽粪便产出量约为7.07亿t，以畜禽养殖的排污系数计算，全省畜禽粪便中排放的总氮已超过30万t、总磷超过13万t。畜禽粪便20%以上直接排放到环境中，综合利用量约占78.5%，处理利用率约占15%。畜禽粪便处理率低，粪便在堆放和贮藏过程中，会产生硫化氢、氨、二甲硫醇等并引起恶臭、蚊虫滋生。粪尿中含有大量病原微生物，如大肠杆菌、链球菌和各类病毒，可引发传染病。未经处理的粪便，一经排入河道，还会引起地表水、地下水中的BOD、COD、氮化合物、硫化物等上升，不仅造成严重的卫生问题，而且也容易造成对大气、土壤、水体等农业环境的污染，对农业生态环境和城乡居民身体健康造成危害。

农作物秸秆综合利用工作进展缓慢，以山东省为例，山东省年产农作物秸秆5 500万 t左右，个别区域秸秆利用率低于65%，仍有 1 300万 t左右未被利用，乱堆、乱放秸秆、随意焚烧的现象仍很普遍。

2. 农业投入品的不合理使用

种养殖过程中投入品的安全性直接影响农产品的质量安全。基于人多地少的基本国情，使得农业资源趋向分散化、细碎化，经营单位以分散的农户为主。在实际经营中，缺乏组织协调的分散农户，为了获得农产品生产的高净收益，只注重农产品数量而不重视质量，在生产过程中乱用、滥用有毒有害农业投入品，对消费者的身体健康和生命安全产生了潜在的危害，使我国农产品质量安全处于高风险状况之中。传统的农业生产模式对化肥、农药、兽药、饲料添加剂、抗生素依赖程度高，造成的直接结果是初级农产品有毒有害物质和违禁药物残留超标。由于化学品性质稳定，不易降解，在食物链、环境和人体中可长期残留，严重危害人类身体健康。

不合理施用农药，使得农药在农产品中过量残留，毒性大、残留时间长、不易分解的农药对农产品质量影响更为严重。进入土壤的农药被黏土矿物或有机质吸附，其中有机质吸附的农药占土壤总吸附量的70%~90%，成为导致土壤酸化、有机质含量下降等土壤质量恶化的重要因素。据测算，我国受化学农药污染的土壤面积高达667 万 hm^2，占可耕地面积的6. 39%，农田土壤中农药残留检出率较高，如上海地区 2 413个土壤样点中农药滴滴涕的检出率高达98. 12%，其中176 个样点的滴滴涕含量甚至超过国家土壤环境标准中的Ⅰ级标准。近年来对济南某市场抽样检测发现，蔬菜中有害物质残留比较严重，农药残留平均合格率为78. 6%，尤以油菜、黄瓜农药残留最重，合格率仅为30. 8%和58. 3%。农产品农药残留超标的问题，已成为影响农产品质量的最大制约因素。在水产品、畜禽产品中残留的兽药主要是抗生素类药物、磺胺类药物、呋喃类药物等，这些药物的残留对人类的危害极为严重。

2012 年 5 月 3 日，有关“毒韭菜”毒倒两家 7 人的消息见诸济南各媒体，引发人们恐慌，经检测确定为有机磷类农药所致；2012 年 6 月 11 日，媒体报道山东烟台部分地区一些果农使用违禁药品的药袋包裹苹果；2012 年 12 月 18 日，央视曝光山东省内一些养殖户违规喂食抗生素、违禁药的“速生鸡”事件；2013 年 5 月 4 日，《焦点访谈》报道，山东省潍坊市农村地区长期存在违规使用剧毒农药“神农丹”种植生姜现象，引发全社会关注。从这些发生农产品质量安全事件看，农兽药投入品问题突出，在农产品生产过程中，农、兽药（尤其是高毒农药）的过分使用，不规范使用、违规使用以及不遵守休药期造成农产品突发事件频发（董燕婕，2014）。

另外，不合理施用氮肥可能增加各种农产品尤其是蔬菜中硝酸盐的含量。残留的硝酸盐在以后的加工过程中很可能转化为亚硝酸盐，从而危害人类的健康。近年来，对山东省的蔬菜抽检发现，叶菜类蔬菜中硝酸盐普遍偏高，甚至有超标现象，还会通过食物链危及家畜，对人类健康造成极大损害。劣质化肥中的重金属也会通过种植过程富集在农产品的体内，直接危害人类的健康。

3. 农产品中“三剂”的不合理使用

“三剂”是指食用农产品采收、贮藏、运输等环节中所使用的防腐剂、保鲜剂和添加剂。农业农村部《农产品包装和标识管理办法》中对农产品中的“三剂”进行了定义。农产品中防腐剂是指防止农产品腐烂变质的化学合成物质或者天然物质，如原粮中的防霉剂双乙酸钠、柑橘中的杀菌剂咪鲜胺和噻菌灵、新鲜水果和食用菌中防腐剂亚硫酸盐等；农产品中保鲜剂是指为保持农产品新鲜品质，减少流通损失，延长贮存时间的人工合成化学物质或者天然物质，如新鲜水果中的乙烯吸收及抑制剂、被膜保鲜剂等；农产品中添加剂是指为改善农产品品质和色、香、味以及加工性能加入的人工合成化学物质或者天然物质，如原粮中的抗结剂二氧化硅、鲜虾中的抗氧化剂 4-己基间苯二酚、干制蔬菜中的着色剂 β-胡萝卜素等。市场上使用的“三剂”产品主要来源于食品添加剂生产企业、农兽药生产企业、化学品生产企业、工业投入品企业、网络销售平台、收购商等。

目前农产品中“三剂”的使用主要存在以下问题：①使用未经批准的“三剂”。农药和食品添加剂分别需要向农业农村部和国家卫生健康委员会相关部门申报审核，评审通过后才能合法使用。但目前市场上存在一些非食用物质类“三剂”，如1-甲基环丙烯、脱氧保鲜剂、精油类、PM保鲜剂等，此类产品虽然具有较好的应用前景且研究显示无显著毒性，但却尚未经过相关部门审批。②超范围使用“三剂”。《农药管理条例实施办法》和《GB 2760—2014 食品添加剂使用标准》分别明确规定了各类农药和食品添加剂的使用范围和方法，但目前农产品收贮运环节中“三剂”超范围使用的情况时有发生，如超范围使用柠檬酸及其盐类来改善莲藕色泽。③超限量使用“三剂”。《农药管理条例实施办法》和《GB 2760—2014 食品添加剂使用标准》限定了各类农药类和食品添加剂类“三剂”的合理使用量或最大残留量，但部分商贩为掩盖产品缺陷或过度美化产品而过量使用“三剂”，如超限量使用焦亚硫酸钠来维持竹笋色泽。④使用不符合质量标准的“三剂”。食品添加剂必须是食品级且符合质量标准的产品，但一些商家为降低成本、谋取利益，使用工业级产品，如用工业级亚硝酸盐腌制肉制品。

四、影响产地农产品质量安全的主要风险因子

1. 农药残留

我国是农业大国，同时也是农药生产与使用大国。农药的大量使用为保证农产品供给做出了重要贡献。但是禁、限用农药的使用以及农药的不合理使用，使得农药残留成为影响农产品质量安全的一个重要因素。由农药残留超标引发的“毒豇豆”“毒生姜”“毒韭菜”等一系列农产品质量安全舆情事件，引起了大众的广泛关注。

（1）农药残留舆情发生的原因

农药残留引发舆情一般包括以下几种类型：①使用不能使用的农药。例如使用禁限用的高毒农药。受人多地少的制约，我国农民采用的是典型的分

散、小规模、传统落后的农业种植模式，大多数农民对农药残留认知水平较低，部分农户对高毒农药快速、有效的杀虫效果青睐有加，而不愿意采用效果较慢的无公害农药和生物农药，在经济利益的刺激下，即使有农产品生产标准和合格标准的约束，在机会主义心理和侥幸思想的驱使下，农户甚至会“明知故犯”的使用高毒农药。除此之外，部分农户使用未在该农产品登记的中低毒农药，也是造成农药残留超标舆情的一个原因。②不按照使用说明使用农药。这是我国目前农药使用中存在的严重问题，也是农药残留超标的重要原因。由于知识水平和教育背景的限制以及农业科技普及体系的低效率，我国大多数农户对病虫害防治知识缺乏，不了解最佳的病虫害防治时间。害虫的最佳用药时间是虫卵期，而农户则通常是在虫害最严重的时候才用药防治和杀灭，由此带来了用药次数的增加。更有部分农户不管是否有病虫害，采用每隔一段时间就打一次农药的保守型施药方式。③不遵守农药安全间隔期。由于农药自身的特点，使用的农药存在安全间隔期的情况。农药种类的不同，间隔期也不同，如果不遵守不同农药的安全间隔期，容易造成农产品农药残留。④对农药科学知识存在误区。例如“避孕药黄瓜”就是因为公众对植物生长调节剂存在认识误区而引发的。黄瓜种植过程中经常需要使用植物生长调节剂，又称外源性植物激素。媒体和公众将植物激素与动物激素混淆，并误传为使用避孕药。而实际上植物激素与动物激素完全是两类作用于不同受体的物质。

（2）农药残留发生的环节

种植业产品的农药残留主要来自种植过程中农药的直接污染及产地环境的间接污染。农户施用农药过程中或施药后，部分药剂可能会直接附着在作物表皮上，或可能渗透到作物组织内部并输送到整株。进入植株组织内部的农药部分会被降解消失，而药剂性能稳定的农药成分则可能长期残留在植物体内，包括可以供人类食用的果实内层等。一般而言，用药次数越多、用药量越多，农产品中残留的农药量也越多。土壤、水体和空气中的部分农药药剂残留期限长达几年甚至几十年，作物可能通过根部或叶片代谢而吸收残存在土壤、水体和空气中的农药，进入植株组织，并危害到农产品质量。畜禽业产品由于食用大量被农药污染的饲料原料，从而造成农药在体内的聚集，其危害也不容忽视。

2. 兽药残留

兽药和饲料添加剂在预防和治疗动物疾病、促进动物生长、提高饲料转化率、控制生殖周期及繁殖功能、改善饲料适口性和动物性农产品风味等方面起着重要作用。目前大多数养殖动物需长期使用至少一种药物，在家禽生产中90%的抗生素被作为兽药添加剂。残留在农产品动物体内的兽药及其添加剂，随着食物链进入人体，对人类的健康构成潜在威胁。

（1）兽药残留发生的原因

兽药残留发生的原因一般包括：①违规使用动物疫病防治用药。如不按规定用药、兽药的产品毒性较大、质量差、有的甚至恶意使用违禁药物，加之屠宰或出售时不遵守休药期规定，都有可能造成兽药残留乃至超标的情况，从而引发舆情。②兽药添加剂的不合理使用。除了用于预防动物疫病，还以低于治疗量作为添加剂，使用抗生素和其他化学药物来促进禽畜的生长。在可观的经济利益驱使下，人们不断研制和改进新的激素品种及其他蛋白质同化剂如β-兴奋剂克仑特罗。随着中国国内农产品市场的不断扩大，有些养殖产业和饲料生产企业滥用兽药添加剂的现象日益严重。③动物性农产品保鲜中的兽药残留。为了给动物性农产品保鲜，甚至将某些抗微生物制剂直接添加到农产品（如牛奶、鲜鱼）中来抑制微生物的生长繁殖，这也不可避免地造成了不同程度的污染。

（2）兽药残留发生的环节

兽药残留对农产品质量安全的危害主要是通过养殖过程中兽药对动物的直接污染和产地环境的间接污染，以及收贮运环节的不合理保鲜造成的。大量外源性化学物进入畜产品中，使动物性产品中药物残留越来越严重，对人类的健康和公共卫生构成威胁，这包括对消费者的直接毒性作用，如引起急慢性毒性作用、过敏反应及致畸、致癌和致突变作用。抗生素药物残留会造成病原菌耐药性增加，并对人类胃肠道正常菌群产生不良影响，致使正常菌群平衡被破坏，从而致病菌大量繁殖，增加人类疾病的治疗难度。各类大型养殖场的动物使用兽药和添加剂后，大部分以原药和代谢产物的形式经动物的粪便和尿液进入生态环境中，对土壤环境、水体等带来不良影响，并通过食物链对生态环境产生毒害作用，影响其中的植物、动物和微生物的正常生命活动，最终将影响人类的健康。

在水产养殖中，孔雀石绿及硝基呋喃类代谢物是水产品中检出率最高的危害因子。水产动物体内的兽药残留，主要有3方面的原因：一是治病，二是防病，三是饲料添加。对于疾病的防控，类似于青霉素类药物仍然是控制动物细菌感染性疾病的主要手段，因为如果治疗不及时，细菌会从动物传染给人类，导致人的感染、人畜共患病、甚至死亡。在饲料方面，目前我国只批准了土霉素、黏杆菌素、杆菌肽锌等10多种抗生素可作为饲料药物添加使用，并规定了使用的动物品种、生理阶段、用量、使用方法、停药期和注意事项等。但是，有的养殖户为了降低养殖成本、加速治疗动物疾病而使用含有激素的饲料、滥用抗生素，这种非法添加药物的行为致使动物体内药物残留超标，成为引起水产食品质量安全最直接、最主要的原因。生产者为了更好的产品卖相和更长的贮藏期，在生产中滥用非食品加工用化学添加物、超量使用食品添加剂等现象时有发生，如使用甲醛、二氧化硫等作为保鲜剂。

3. 致病微生物

目前致病微生物影响主要存在于畜禽产品、水产品和鲜食种植类产品中。不同致病微生物对农产品的影响差异较大，目前对全球性食品安全构成的最显著威胁是致病性细菌。沙门氏菌是影响最大的致病菌，其次是李斯特菌，大肠杆菌位于第3位。禽肉、水产品是沙门氏菌污染的重灾区，香料和调料味品次之，坚果及其制品和种子位于污染第3位。鱼产品是极易受李斯特菌污染的农产品，此外，肉类、乳和乳制品、谷物及焙烤农产品等也容易发生李斯特菌污染问题。畜禽和水产品中还有一些影响人体健康的病毒，例如肝炎病毒、诺瓦病毒以及一些与肠炎有关的病毒，此外还有寄生虫如线虫、吸虫和绦虫等。

4. 重金属

土壤重金属是指比重（相对密度）大于5的金属元素或其化合物。这些重金属主要指汞（Hg）、镉（Cd）、铅（Pb）、铬（Cr）、铜（Cu）、锌（Zn）、镍（Ni）和类金属砷（As）等。有色金属矿山的开采、工业“三废”的排放、含重金属废弃物堆积、农业生产中的污水灌溉、农用化学药品的不合理使用等，都可能导致有害重金属元素直接或间接进入农产品产地土壤。其中“镉大米”事件就是产地环境重金属污染引发的舆情。

重金属的污染多发生在产地环境环节。种植业产品、畜禽产品、水产品等均有可能受到重金属的污染。食用菌重金属污染较为严重，近年来随着人们对食用菌研究的深入，发现食用菌本身具有吸收和富集重金属的生物学特性，覆土栽培是食用菌高产栽培的方式之一，采用此方式栽培食用菌，菌丝很容易从土壤中吸收重金属而发生富集作用，如果土壤遭受重金属污染，则会使食用菌的重金属含量超标。而重金属一旦进入机体即不易排出体外，过量的重金属在人体内蓄积，不仅能够引起慢性中毒和各种畸形，还会对人体健康产生潜在危害。

5. 生物毒素

真菌毒素主要发生在坚果类、果蔬、谷物与焙烤农产品的种植类农产品中，河豚毒素、贝类毒素等多发生于水产品中。种植类农产品中生物毒素的污染问题主要是黄曲霉毒素污染。黄曲霉毒素问题已经成为欧盟RASFF系统近年关注的焦点问题之一，居高不下的检测数据甚至影响到欧盟的相关法规。黄曲霉毒素检出超标是影响出口的主要原因，这个问题值得警惕。果蔬、香辛调料、谷物及焙烤农产品受黄曲霉毒素污染的报告每年均有发生，其中果蔬通报量较高。生物毒素在产地环境、种植过程和收贮运环节均有可能发生。动物源性产品在养殖过程中通过使用霉菌毒素污染的饲料，也可能感染霉菌毒素，继而影响其质量安全。

6. 持久性有机污染物（POPs）

持久性有机污染物（POPs）是指通过各种环境介质（大气、水、生物体等）能够长距离迁移并长期存在于环境中，具有长期残留性、生物蓄积性、半挥发性和高毒性，对人类健康和环境具有严重危害的天然或人工合成的有机污染物质。POPs 的主要特征如下：①能在环境中持久存在；②能蓄积在食物链中；③对有较高营养等级的生物造成影响；④能够经过长距离迁移到达偏远的极地地区；⑤在相应环境浓度下会对接触该物质的生物造成有害或有毒效应。POPs 是所有环境释放的污染物中对人身体伤害最高的物质。在《斯德哥尔摩持久性有机污染物（POPs）公约》中，POPs 被分为主要的三大类 12 种化学物质。杀菌剂：六氯苯（hexachlorobenzene）和多氯联苯（PCBs）；杀虫剂：狄氏剂（endrin）、氯丹（chlordane）、艾氏剂（aldrin）、狄氏剂（dieldrin）、毒杀酚（toxaphene）、滴滴涕（DDT）、七氯（heptachlor）、灭蚁灵（mirex）；化学品的副产物：二噁英（PCDD）和呋喃（PCDF）。中国持久性有机污染物主要为有机氯农药、多氯联苯和二噁英。有机氯农药曾为我国农业的发展写下了光辉的一页，同时也给我们赖以生存的环境带来了难以弥补的危害。有机氯农药长期滞留环境，即使已低于有关土壤环境质量标准，但由于其蓄积性，在生态系统中随着食物链逐级传递，在其流动的每一个环节，都会产生生物放大作用，到达食物链的最高营养级，这些有机污染物的浓度往往比最初在环境中的浓度高出上万倍，对生物体产生慢性毒害作用。除去农药的不合理使用，工业过程中产生的副产物也是有机污染物的组成部分。持久性有机污染物的发生环节一般在产地环境环节。

第三节　产地农产品质量安全舆情的类型及发生特点

一、产地农产品质量安全舆情的类型

产地农产品质量安全舆情是指以与产地农产品质量安全有关的事件为核

心，通过媒体和互联网表达和传播，公众对在农业活动中获得的植物、动物、微生物及其产品是否符合保障人的健康和安全要求所持有的多种情绪、态度、意见和观点的表达、传播与互动，以及后续影响力的集合，主要分为安全风险类、谣言炒作类、政策法规类。

1. 安全风险类

安全风险类舆情是指在产地环节中由于生产者的违规或违法操作，使得农产品质量出现风险隐患，并对人类身体健康造成危害或潜在危害的舆情。安全风险类舆情是在产地环节最受关注和发生较多的舆情，主要包括违禁农兽药及其残留、制假售假及违法违规加工、非法添加、致病微生物及寄生虫污染、重金属超标及产地环境污染、动植物疫病、生物毒素及代谢产物、商标标注不合格等舆情。其中“违禁农兽渔药残留超标”和“制假售假及违法违规加工”类舆情自2013年以来一直是负面舆情的最主要构成。2016年，境内外农产品质量安全网络舆情信息统计，这两类舆情在负面舆情中分别占比37.18%和14.10%，总占比51.28%，首次超过了50%；“非法添加”占比12.82%、“致病微生物及寄生虫污染”占比11.97%、“动植物疫病”占比7.26%，也成为舆情的重要构成（李祥洲，2017）。代表性的安全风险类舆情是“毒生姜”事件，2013年5月4日，央视《焦点访谈》节目播出《管不住的“神农丹”》，报道指出，山东省潍坊市峡山区王家庄的姜农在种植生姜时普遍违规施用一种叫“神农丹”的农药，这就是有名的“毒生姜”事件。报道一经播出，全国各地媒体及网民给予了极大的关注。“神农丹”的主要成分是一种叫涕灭威的剧毒农药，50mg就可致一个50kg重的人死亡。按照农业农村部的农药登记，“神农丹”只能用在棉花、烟草、月季、花生、甘薯上，不能直接用于蔬菜瓜果。

2. 谣言炒作类

随着公众质量安全和健康意识的不断提升，对农产品的营养功能和产地环境污染等方面的关注度也在持续提高。但由于公众及媒体人对农产品生物学特性、营养功能、生长环境特点等方面的知识缺乏，由此引发的社会谣言、传言和误解众多。谣言炒作类舆情多是由于部分网民和媒体记者农业科学知识素养的缺陷，农产品质量安全科学知识的缺乏，导致谣言丛生，对相关产业产生了较大的负面影响。例如 2015 年央视爆出的“草莓农残超标”事件，报道称，对北京市随机购买的 8 份草莓样品全部都检出百菌清和乙草胺 2 种农药，百菌清检出值在国家标准范围内，乙草胺我国不允许使用于草莓种植中，如果参照欧盟标准，残留量最高超标 7 倍多。报道一经播出，便引来了农业科技工作者和草莓种植大户的质疑，草莓生长过程中不能且并不需要使用乙草胺作为除草剂，并且即使按照报道出的残留量也不会影响消费者的身体健康。报道仅以 8 个草莓样品断定草莓中乙草胺超标并且得出食用草莓会致癌，这一结论就是由于农产品质量安全科学知识缺乏，为“爆料”而“爆料”所形成的观点和意见，这一所谓的“爆料”带给草莓产业的危害是毁灭性的打击（李祥洲，2015）。

3. 政策法规类

此类舆情涉及国家及各级农业部门与产地环节农产品质量安全有关的重大决策部署、重要法律法规、制度措施、标准制修订等相关的重要活动、重要指示和讲话，突发性农产品质量安全事件的发生及处置情况，农产品质量安全监管、检测、评估和认证等部门及行政执法人员职责履行情况等。如山东省政府办公厅在“毒生姜”和“滨州假羊肉”事件发生后下发了题为《山东省政府办公厅关于进一步做好食品安全工作的紧急通知》的文件，对食品安全问题进行重拳整治。文件发表一天内，人民网、扬子晚报网、山东新闻网等 50 余家网络及平面媒体转发了相关报道。2016 年监测到国家或地方出台农产品质量安全相关“政策法规与制度措施”的舆情数量最多，共计 260 条，占同类舆情的 52.95%，体现了监管部门对农产品质量安全开展督查整治的成效。

二、舆情发生的阶段性特点

舆情发生、发展不同阶段的科学划分可以帮助舆情应对工作人员准确研判，找准关键节点，及时采取适当的应对措施，从而降低负面舆情的影响。舆情发展一般分为6个发展阶段：舆情发生期、舆情发酵期、舆情发展期、舆情高涨期、舆情回落期、舆情反馈期（徐学荣，2014）。由于具体个案的影响和持续时间不同，相当一部分案例6个阶段的界限不明确，或者舆情在形成过程中只经历其中几个阶段。因此，一般可以将舆情发展划分为4个阶段：舆情发生期、舆情发酵期、舆情高涨期和舆情回落期（董燕婕，2017）。以“甲醛白菜”为例，简要阐述产地农产品质量安全舆情发展的阶段性特点。

1. 舆情发生期

舆情发生期是指引发舆情的因素已经存在，但因为舆情力量累计不够或缺乏强力触发点而尚未大规模、大范围的传播。舆情事件的首发报道并非集中在传统媒体或者网络媒体，但是一经报道，网络上就会出现相应的转载和讨论，尽管未发生大规模传播，但是已经具备了成为舆论热点事件的潜力和特征。

产地农产品质量安全舆情的发生基本上基于消费者渴望了解农产品生产环节的相关信息和农产品在销售环节无法提供生产环节信息这一基本矛盾，这也是一个长期存在的社会问题。由于公众平时关注的问题各不相同或者意见得不到肯定和回应，一旦出现导火索，之前散落的个人意见就会集中起来打破人们内心的稳定感，从而导致舆情大量爆发。如2012年山东省爆发的“甲醛白菜”事件，2012年4月28日21:19，山东广播电视台电视生活频道《生活帮》栏目，播出题为《春白菜上市，运输保鲜用甲醛》的新闻报道。该栏目播出后，片源随即上传齐鲁网，4月30号，《生活帮》再次跟踪报道了《白菜在运输过程中喷甲醛保鲜　市民吃菜更小心》，然而在4月30日至5月3日期间并没有媒体予以关注与转载，甚至在论坛、博客、微博、微信等自媒体当中也鲜有发现。自此，“甲醛白菜”事件正式进入舆情发生期。

舆情发生期，事件发生，相关舆情在慢慢累积，形成一定的议题，但由于传播范围小，尚未产生较大的影响，这个阶段是舆情发生最重要的环节之一。在这个阶段，应及时分析研判问题事件的真实性、性质及严重程度，为后面的应对工作提供基础材料。

2. 舆情发酵期

舆情发酵期是指从分散的、彼此没有联系或者联系很少的个人意见融合为一类或者几类被认为“正确”或“准确”的群体意见，从而引发倾向性意见大规模、大范围传播的阶段。舆情发酵期的显著特征是在大众传媒的助推下，公众采用转载、评论的方式对问题事件持高度且持续的关注，每次的转帖、跟帖往往加上自己的主观意见或情绪，使得议题很快蔓延开来，在更大范围内产生影响。

产地农产品质量安全舆情发酵期中，农产品质量安全突发事件的相关信息不断曝光，新闻细节不断丰富，矛盾冲突不断激化，时常伴有谣言产生，公众呼吁真相和解决问题的呼声持续高涨。“甲醛白菜”事件中，舆情发酵期为4月30日至5月5日。5月4日，新华网发出文章《媒体称喷甲醛保鲜大白菜已成潜规则　市场不检测》，之后迅速在人民网等中央级媒体和新浪、搜狐、网易等门户网站开始跟进，5月5日，各地方媒体、地方门户（行业）网站集中转载相关新闻或进行了相关跟踪报道，引起了极大反响。

舆情发酵期这个阶段是媒体的积极声音小于负面舆论声势的阶段，若不掌握最佳舆论控制节点，只会使舆情发展逐步失控，增加负面舆论压力。

3. 舆情高涨期

舆情高涨期是指随着事件变化，舆情数量、内容发生重大变化或转折，不断有最新的、与事件相关的信息加入原有的舆情系统中，从而形成更丰富的观点和舆情信息数量倍增的阶段。

产地农产品质量安全舆情高涨期中多由农产品质量安全事件本身转向深层次因素的思考，如政府监管部门的失责和部分媒体的恶意炒作等，传播空间多由网络转向传统媒体。5月6—11日是“甲醛白菜”的舆情高涨期。其间，5月6日22:49，山东广播电视台电视生活频道《生活帮》栏目，播出题为《济南：山药湿漉漉　高浓度甲醛来保鲜》的新闻报道。片源上传至齐鲁网，而同为甲醛保鲜的做法，使得此新闻没有经过任何停留立即在和讯网、中国日报、山东新闻网、网易、齐鲁网等门户网站及报纸大量传播。从这里开始，甲醛白菜蔓延至甲醛山药。5月7日，人民网食品频道转载了《山东菜贩喷甲醛给白菜保鲜　男子长期吸入致精子畸形》，而腾讯网转载了《白菜被喷甲醛保鲜成潜规则　可能导致白血病》两篇文章迅速引起大量的转载，致精子畸形与导致白血病给人们带来不小的恐慌。5月8日，《山东各级迅速行动依法查处“甲醛白菜”》《山东查处“甲醛白菜”拘留两名白菜经纪人》分别在中国经济网、人民网、网易、搜狐、新浪、中国网滨海高新、星岛环球网、中国日报、中国广播网、MSN中国、和讯网、大众网、中国食品网等网站出现，这是政府第一次有组织有效地公开回应，至此，媒体的报道转入对该事件的深度思考层面。

5月11日，人民日报发布《人民日报时评：食品监管应主动前置》，将此次甲醛事件做了更深层次的分析，“曝光—查处—治理”，类似食品安全事件的反复出现提醒我们，必须对这种事后应对式的食品安全治理方式进行重新考量。

舆情高涨期的特点是负面舆情持续多头并发，但同时媒体和政府的声音逐步扩大，传统媒体跟进，从而掌握舆情控制权。这一阶段主要需要及时发现新动向，针对问题进行引导和防范谣言的出现和舆情反弹。政府及相关单位应与媒体积极配合，主动表态、严惩责任主体、防范后续和澄清谣言。

4. 舆情回落期

舆情回落期是指随着突发事件本身的沉寂，公众的关注点转移到其他更具新闻性和吸引力的议题上，相关舆情淡出人们的讨论范畴，或者通过政府、媒体以及相关主体的努力下，事件情况得以明确、责任得到处理，从而平息舆论的阶段。但是舆情的回落不代表事件的结束，而只是暂时离开了公众的视野。

产地质量安全舆情与大众健康和生命安全紧密相关，舆论往往关注到事情圆满解决。回落期多为负面舆论逐渐消失，正面宣传开始占主导地位。5月

11—15 日是“甲醛白菜”的回落期，5 月 15 日，21 世纪经济报发布《蔬菜保鲜潜规则揭秘：甲醛白菜仅是冰山一角》，同样的文章，各大媒体纷纷转载，标题却换的格外引人注意《山东菜农被曝用剧毒农药保鲜生姜　称洗洗就能吃》《蔬菜保鲜潜规则：标准缺失　敌敌畏保鲜生姜》。此时，甲醛白菜事件进一步向生姜蔓延。5 月 15 日，《商务部回应“甲醛白菜”：应按相关法规调查处理》，此次商务部新闻发言人的回应，也被同时解读为多种版本，如人民网《商务部回应：查处“甲醛白菜”有法可依》《商务部回应甲醛白菜事件　用甲醛保鲜食品将严查处理》。5 月 16 日，郑州晚报发表文章《监管，先从帮助菜农富起来开始》，使用违禁药物等行为主要是保护菜农自己的利益。文章从根本上分析并指出解决问题的办法。新华网进行了转载。

自 2012 年“甲醛白菜”事件发生以来，几乎每年都会有“甲醛白菜”的新闻重新出现在公众的视线中，而地区也由山东省蔓延至河北省，涉事农产品种类也由白菜扩大到了山药、蘑菇、生姜等。产地农产品质量安全舆情的发生大多会对消费者的心理造成重大的影响，并对相关产业造成恶劣的后果。政府及相关主体应在舆情回落期做好心理安抚和正面宣传，重塑政府形象，树立行业新风。

第四节　产地农产品质量安全网络舆情形成原因

一、网络舆情传播的模式

1. 传播者

传播者是传播行为的引发人，信息传播过程中的信息发出者，可以是个人，也可以是组织或者群体。网络舆情多是由微博、微信等自媒体传播。

2. 传播内容

农产品质量安全事件多以文字、图片、视频以及超链接等形式发送，事件内容涉及的时间、地点、数据表述翔实，相关的数据往往表述得非常精确，公众也会被一些精确的数据所误导，较易相信农产品质量安全事件的真实性和准确性。农产品质量安全事件由于关注点高，内容上具有较强的互动性（张祚本，2019）。

3. 传播渠道

农产品质量安全事件通过微博、微信、博客等渠道“关注”与“被关注”的形式层层传播开来，信息传播的覆盖面更广，速度更快。传统媒体和网络媒体等相互交织，形成多路径、多点扩散的传播渠道。

4. 传播受众

网络舆情的受众是指所有通过网络接触到该事件的网民，有的受众会对接触到的事件信息进行再加工和再传播，使事件持续发酵，形成热点事件，最终形成强大的社会舆论；有的受众在对信息进行再传播的时候，会歪曲事实和臆造情节。

5. 传播效果

农产品质量安全事件的特殊环境，往往能引发公众许多关注，一旦出现农产品质量安全突发事件，会对社会稳定的影响很大，如果加入谣言，就会造成更加严重的后果。

二、网络舆情的特点

1. 舆情传播载体日益多元化，舆情空间不断拓展

国内互联网舆论空间日益多元化，这表现为参与舆论传播的主体愈发多样、具有媒体传播属性的平台日益丰富、传播形式传播内容不断推陈出新。网络媒体特别是以微博、微信、微视频和新闻客户端为代表的“三微一端”新媒体成为舆情尤其是负面舆情的传播关键节点。数据显示，“三微一端”已经成为网络中反复炒作的农产品质量安全的各类传闻、传言和谣言的发酵温床，特别是微信朋友圈在农产品质量安全问题事件中的舆情传播功能正在被急速放

大。农产品质量安全从产地环境、农产品的种养殖过程、初加工过程、仓储过程到运输过程等整个产地环节都存在着一个个舆论点，一旦任何环节出现问题，网民的力量就开始不断助推整个舆情事件的发酵、发展，而且各个平台相互交织，互相借力，共同推进整个事态的发展，搭建成一个环形且多元化的网络舆情传播途径和方式。

2. 监管部门存在新媒体舆情应对失责与舆论危机管理不善的问题

舆情监管部门对于农产品质量安全网络舆情的突发事件往往采取“抱薪救火”的态度，在监管的过程中存在漏洞，稍有差错就会出现网民舆论的讨伐。近几年，农产品质量安全网络舆情突发事件时有发生，从各级部门领导的应急处置工作来看，整个过程不够完善和专业，也留下了很多网民讨论的话柄，基层监管部门对于农产品质量安全的网络舆情事件还缺乏重视度，认为农产品及食品安全还处于传统的传播和发展过程中，并未注意到农产品质量安全的监管和应对体系也在不断地转型升级当中。

对于农产品质量安全网络舆情的引导也缺乏创新的机制和方法，未能将农产品质量安全的监管工作规范化、制度化、科学化，应当为网民专门提供一个有关农产品质量安全的价值交流平台，以平台为依托，发表有关农产品质量安全的权威声音，建立农产品质量安全的微信公众号，及时发表软文，公布最新事件发展动态和专业数据报告，让这个农产品质量安全的互联网平台传播正能量，弘扬正确的价值观。

3. 部分网络媒体存在道德失范，不实农产品质量安全网络舆情泛滥成灾

随着农产品质量安全问题事件的频繁发生，其中少不了一些网络媒体为了抢先曝光、赢得点击率、追求自身品牌的知名度，会出现一些肆意造谣、虚假宣传的现象，引起社会大众的消费恐慌，造成农产品市场经济的混乱，对于整个农业产业及农民收入结构体系都会造成致命的打击。而对于农产品质量安全网络舆情事件中一些网络媒体的违法违规行为，必须加大执法力度，净化农产品质量安全网络内容生产环境，加大网络媒体执法教育，倡导媒体信息化带到

农产品产业化的发展模式，实现农产品供应商和消费者的无缝对接，建立有效和有价值的农产品质量安全网络舆情交流平台。

4. 农产品质量安全问题现在仍处在多发态势阶段，舆情触点极易增加

当前是我国的传统农业向现代农业转型升级的关键时刻，社会主要矛盾在农产品领域主要表现为人民日益增长的安全优质农产品需要和农产品供给数量质量不平衡、农业质量发展不充分之间的矛盾，农产品质量安全管理面临着新的机遇和挑战。食品安全是“产”出来的，也是“管”出来的。但由于深层次的管理应对机制的细节还不够完善，农产品质量安全问题事件引发的网络舆情事件还是有增无减。2018 年国家“实施质量兴农战略”，要求“实施食品安全战略，完善农产品质量和食品安全标准体系，加强农业投入品和农产品质量安全追溯体系建设，健全农产品质量和食品安全监管体制，重点提高基层监管能力”，将农产品质量安全问题提升到了国家战略高度（张树秋，2015）。要实现农产品放心消费目标，就需要按照预防为主、源头治理、全程监管进行综合防控。针对从业人员，应加强科技知识、安全生产技能的培训及相关法律、法规的宣传教育，提高其安全生产意识，尽快树立农产品优质优价意识，从源头上预防问题的发生；针对消费者，应充分利用报刊、广播、电视、网络等宣传媒介，传递农产品质量安全等相关专业知识，提高消费者的认知度和维权意识，形成科学合理的消费观念，运用市场竞争机制保障农产品质量安全；针对政府机构管理人员，应重视农产品质量安全意识培训，增强对农产品质量安全与消费者和社会经济健康发展关系的认识，提高管理责任意识，严禁不合格农产品入市。

5. 消费者关注度高但认知能力不足，网络舆情燃点低

农产品质量安全虽然与人们日常的生活健康息息相关，但大多数群体对于农产品质量安全的问题事件引发的网络舆情也只是关注表面，并未深究个中原因以及将会造成的影响和危害，而且对于这类的网络舆情事件缺乏意见领袖，不能及时发布权威声音，网民群体每天接收的信息量巨大，农业方面的科普知

识欠缺，且政府官方的互动交流机制不完善，一旦出现农产品质量安全的网络舆情事件，就会盲目跟风，趋向于群体的言论，不管好坏、真假，一味地趋同于大部分的群体意见，容易掩盖事实真相，导致任何农产品质量安全问题都很容易引发非理性的共鸣。

第二章　产地农产品的质量安全舆情监测

第一节　网络舆情信息监测

网络舆情监测是指通过对互联网传播的、公众对现实生活中农产品质量安全问题所持的有较强影响力、倾向性的言论和观点的一种监视和预测行为。一方面是通过对互联网海量信息自动抓取、自动分类和检测农产品质量安全问题，整合互联网信息采集技术及信息智能处理技术，实现对农产品质量安全问题的网络舆情监测和新闻专题追踪等信息需求，形成简报、报告、图表等分析结果，为政府全面掌握群众思想动态，做出正确舆论引导，提供分析依据。另一方面是通过采集、监测得到产地农产品质量安全信息。

网络监测的流程主要分为3个方面：一是制定危机预警方案。针对各种类型的危机事件，制定比较详尽的判断标准和预警方案，一旦危机出现便可实现有章可循、对症下药。二是密切关注事态发展。保持对事态的第一时间获知权，加强监测力度。通过例如舆情监控系统之类的技术，在第一时间大量采集、汇总各种互联网上的信息。三是及时传递和沟通信息。向政府报送预警信息和舆情简报，建立和运用信息沟通机制，各部门协同作战、相互配合、共同商议，判断危机走向，对预案进行适当修正和调整，形成符合实际的危机应对措施。

一、网络舆情信息搜集筛选原则

从社会公共舆论体系的形成和发展来看，网络舆情是社会舆情在互联网空间的映射，各种网络舆论客观状况的综合反映，要掌握网络舆论的议题内容、意见方向、发展趋势、传播路径、内在动力和利益诉求等。网络舆情的搜集、筛选，需要从网络信息的可追溯性、网络舆论的可量化性和网络舆情有相对聚集性入手。

首先，要从网络信息的可追溯性出发，建立网络目标信息的检索、收集、归类系统。这些网络信息既是网络舆论生成的基础和条件，也是网络舆情的最初源头所在。目前，形成网络舆情的相关信息内容主要通过两种形式呈现出来：一是具有新闻媒体性质的网络新闻中所反映出来的舆论倾向，称之为“网络新闻舆论”；二是以 BBS 论坛、博客、各种社交网站和网上社区等为平台而呈现出来的网民对各种社会事务的看法，称之为“网民意见舆论”。网络信息的可追溯性对开展有效的网络舆情研判工作具有十分重要的意义。一方面，找到舆情的发源地为及时判断舆情的性质、背景、走向提供真实可靠的第一手资料；另一方面，对原始信息的记录也为今后的取证工作乃至样本库的建立提供了可能。

其次，要在网络舆论的可量化性的基础上，分析政府所关注的网络舆论的态势、倾向和诉求。基于网络信息的可存储性，可通过统计和数据分析，对相关舆论的发展态势、意见倾向、利益诉求进行量化分析和图表呈现，若以时间为横坐标，以新闻量的变化为纵座标，通过数据统计可以呈现某一舆论的发展趋势。

再者，要把握网络舆情的相对聚集性，准确筛选具有传播影响、社会动员和危机倾向的舆情。网络舆情的相对聚集性主要体现在时间、地域、平台以及网民年龄结构等方面。一是在时间上相对集中，一般在白天的 9:00 到晚上 11:00；二是在地域上相对聚集，随着网络的普及，绝大部分省市都有自己的地区性网络平台，这种“虚拟社区”已成为当地市民表达民意、讨论民生的重要渠道，这种地域上的聚集性对网络舆情监控的辖区管理提供了现实的可操作性；三是在网络平台传播影响上相对聚集，网络平台的舆情是日常网络舆情搜集的关键环节；四是在网民的年龄段上相对集中。当前网络舆情主要参与者是20世纪70年代后出生的网民，他们是当今中国网民的主力军和新生代。

二、网络舆情信息监测方法

1. 手动监测

农产品质量安全舆情网络监测工作人员需要实时浏览如人民网、新华网、央广网、中国新闻网、光明网、中国网、中青网等PC端和新闻客户端等中央级网站，关注、搜集有关食品及农产品质量安全突发新闻及热点报道，以及新浪、腾讯、凤凰、网易、搜狐等PC端和新闻客户端等主要商业网站。浏览重点门户网站和论坛的热点排行榜，以及重点论坛和重要版块的首页推荐、BBS热帖排行榜、博客标签排行、搜索引擎新闻“热词”“热搜词”或“锐词”专页等，以实现舆情热点的快速、全面、准确监测捕获。此外，农产品质量安全舆情网络监测工作人员自己也要是一个网民，拥有自己的博客、微博、微信、QQ、MSN等，“潜伏”到有关博客圈、微博圈、微信朋友圈、QQ群、MSN群中去，和有关网民成为“好友”，关注那些重要“意见领袖”的博客、微博、微信、QQ及MSN等中的话题内容，及时发现热点舆情。

2. 半自动监测（搜索引擎监测）

通过设定关键词利用搜索引擎进行检索。首先要对标引词和检索词进行控制和规范，如农产品、食品、肉、蛋、奶、粮、油、果、菜、茶、水产等。然后通过对大量媒体报道的有关农产品及食品质量安全问题事件原始信息的研究，从中提炼出作为标引、检索的关键词，包括安全、违禁、残留、超标、死亡、危害、污染、有害、致癌、人造、假冒等。在选择确定搜索关键词之后，利用搜索引擎搜索。搜索引擎主要有百度搜索、谷歌搜索、搜狗和奇虎搜索以及站内搜索。百度搜索是在农产品质量安全舆情网络监测中运用最多的搜索工具。百度搜索可以获得某新闻及相关言论在网络中的转载情况。一般采用“百度高级搜索”。其中关键词设置包括“全部关键词”“完整关键词”“任意一个关键词”和“不包括”及关键词位置等选项框；在搜索时间范围上又分为“全部时间”“最近一小时”“最近一天”“最近一周”“最近一月”和“最近一年”，还有精确起止日期的搜索时间以及搜索结果排序等选项，基本上能满足突发事件时报、日报、周报、年报及特定时段舆情监测要求。谷歌搜索的使用方法类似于百度。谷歌可以定制阅读和境外媒体搜索，有新闻、网页、博客、论坛和微博搜索等功能。只是近年来谷歌使用情况不是很好，所用的也就不多。搜狗和奇虎搜索是目前国内舆情监测中较好的论坛、博客及社区搜索工具。我国各大门户网站和论坛基本上都有站内搜索功能。通过这些站内搜索，可以迅速在有关网站、论坛及微博找到相关的舆情信息及言论。

3. 自动监测

指利用专业搜索软件“农产品质量安全舆情监测分析软件”进行智能监测，只要确定正确的关键词，就可实现定时定向捕获网络、论坛及博客、微博等的信息、热帖排行、帖子数量、舆情走势、意见领袖，可以极大地提高农产品质量安全舆情网络监测的准确度和工作效率。

三、网络舆情监测保障措施

网络舆情的监测需要由专人组成若干小组，24 小时不间断对重点网站舆情、重点论坛进行监控。对舆情信息的监测与分析必须要浏览和查找海量的网络信息，包括网络新闻报道、相关评论、网络论坛等，从这些信息中提取与事件相关的舆情信息，然后分析舆情信息的时间与空间分布情况，再通过多种手段和渠道做出正确的舆论方向引导。这些都需要各层次、各领域建立起来的组织机构，从物质、制度、资金、人力等方面，确保网络舆情监测体系的日常运作。

1. 监测机构

随着农产品质量安全网络舆情监测工作的多样化，临时性及应急性已不能满足日常工作的需要。农产品质量安全网络舆情监测工作要成为常态，设置专门的舆情监测分析工作机构或岗位，建立健全高效的制度和机制保障就很必要。在省、市、县级农业部门分别建立农产品质量安全的舆情监测网点，统一负责舆情监测工作、工作部署和协调管理，形成上下贯通的舆情信息工作网络。舆情监测部门机构设置一般要有主管（监测工作管理部门或领导）、监测、技术（平台）、编辑、采访调研、会商研判处（室）或岗位等，分工负责有关事务。按照属地管理的原则，明确舆情监测、分析研判、舆情响应等方面的负责机构、人员和职责，分兵把守，严密监测舆情动向。监测办公环境条件应适应网络舆情工作的时效性，实现网络化、自动化，确保工作经费和软硬件建设等方面的投入，尤其是保证计算机的高速配置和网络流畅，以及技术平台的研发对于准确高效的农产品质量安全舆情网络监测工作十分重要（赵珞琳，2016）。

2. 监测队伍

网络舆情监控管理是一项系统工作，既有综合性，又有技术性，要夯实农产品质量安全领域舆情监控的基础，要求工作人员掌握基本的舆情研判知识和技能，能对舆情发生周期节点做出准确判断，及时发现舆情热点和拐点；具备丰富、熟练的与农产品质量安全及农业信息资源管理有关的专业知识和技能，了解国家有关农产品质量安全的大政方针和党政决策工作机制，熟悉与农产品质量安全相关的法律法规及标准体系；熟练掌握计算机及网络的有关知识和技能；掌握新闻传播学、情报学、统计学、社会学、法律学、公共管理学、经济学等多学科知识，熟悉社会舆论格局和矛盾构成；具有较宽的知识面和语言技能，较强的语言文字表达能力等，能从海量的网络新闻、爆料中监测到与农产品质量安全有关的舆情并进行科学的判断。此外，农产品质量安全舆情网络监测工作者还要把自己修炼成一个“意见领袖”，参与舆情响应等工作。

3. 监测资金

必要的财政支持是做好农产品质量安全网络舆情监测管理工作的物质保障。随着网络技术的快速发展，网络舆情的应对任务也会越来越重，必须加大政策和资金投入力度，才能保证舆情监测和应对工作的有效开展。一方面，要加快落实人员和工作运转经费，稳定工作队伍，改善工作条件，保证制度、人员和设施设备到位。另一方面，要加大计算机软件系统等技术方面的投入，加大现代网络信息技术的应用力度，提升电子政务水平，提高舆情监测管理效率。

四、网络舆情信息的分类

对舆情信息进行科学的分类，可以帮助我们明确各类信息的不同作用、不同价值及不同应对要求，有针对性地做好相关工作。在农产品质量安全网络舆情信息的分析研判中，做好对舆情信息的分类，有利于明确轻重缓急，有的放矢，科学应对。

网络中反映的农产品质量安全问题事件涉及方方面面，舆情信息也林林总总。归纳起来，大致可以分为以下 5 类。

1. 政府公信力类

党和国家以及各级各部门与农产品质量安全有关的重大决策部署、重要法律法规、制度措施、标准制修订等出台前后，中央、有关部委及地方领导与农产品质量安全有关的重要活动、重要指示和讲话，突发性农产品质量安全事件的发生及处置情况，农产品质量安全监管、检测、评估和认证等部门及行政执法人员职责履行情况，以及一些涉及农产品质量安全的社会难点热点问题，都会引起社会的普遍关注，网民会产生不同的态度、情绪，发表各种言论、诉求及建议。这类舆情信息可以侧面反映政府公信力的强弱大小，可归为政府公信力类。

2. 质量安全风险类

质量安全风险类网络舆情信息主要集中于网民对农产品产地环境，农业投入品，动植物疫病，农产品生产、加工、贮存运输及销售过程中的污染、农兽药使用及其残留情况，添加剂和非法添加物质的使用情况等，以及由此引起的问题和突发事件的各种意见、态度、看法甚至行动倾向。主要是反映农产品生产、加工、贮存、运输及销售过程中出现的质量安全问题或因这些问题导致的农产品质量安全突发事件舆情。

3. 科学缺陷类

人们对世界的认识在不断深化，科学技术日新月异，农产品生产、加工、贮存保鲜、质量检验检测的标准、技术、设备设施等也在不断翻新，加之农产品种类繁多，问题隐患复杂，网民对有关标准的全面性、新颖性、科学性及与国际接轨情况，对安全生产技术、设施设备的先进性、安全性，对贮存保鲜技术措施的安全性、可靠性，对检测检验技术的可靠性、权威性，以及由此带来的一些问题事件会有不同的态度、看法和观点，这类舆情信息归于科学缺陷类。

4. 消费指导类

有的网民、媒体记者在爆料、跟帖评论时，明显暴露出农业科学知识素养的缺陷，纯粹为了“爆料”而爆料。比如2012年曝光的“注水西瓜”“打针葡萄”以及“化肥农药催熟早稻”等，专业人士一看就知道属于“无知无畏”型。比如毒蘑菇、河豚、扁豆等一些涉农产品，本身含有天然毒素不能食用或需要一定程序、方法加工后才能食用，偏有人食用或不按要求加工就食用，食用后出现中毒症状，并且这些爆料往往还有不少的“网络水军”在其后冲锋陷阵。诸如此类的舆情信息暴露出消费者及媒体记者的知识缺陷，以及农产品质量安全科学知识的普及和消费指导缺乏，归于消费指导类。

5. 恶意攻讦类

在经济利益的驱动下，有那么一些人不走正道，采取非正常手段恶意攻击竞争对手，穿上“马甲”在网络媒体发帖、跟帖“爆料”，通过网络散布谣言，迷惑不知情的网友，给对手造成被动和伤害以从中渔利。这类舆情信息属于恶意攻讦类。

第二节　产地农产品质量安全舆情监测范围

产地农产品质量安全舆情监测主要是搜集整理与农产品质量安全有关的政策措施、热点焦点及突发性问题事件等舆情。产地作为源头，是农产品质量安全问题事件管控的关键环节。产地环境、生产和收贮运过程中任何一个环节或者任何一个影响农产品质量安全的因素出现问题，都有可能爆发舆情危机，引起社会不必要的恐慌。政府应当建立健全农产品质量安全舆情信息相关要素的监测体系和报告机制，从源头上控制农产品质量安全隐患，减少或避免农产品质量安全突发事件和网络舆情负面影响（刘丽，2017）。

一、产地农产品质量安全舆情关联要素

影响产地农产品质量安全舆情发生的原因较多，一方面是由于农产品自身质量安全存在问题；另一方面是由于生产经营者与消费者之间信息不对称。就农产品本身的质量安全而言，产地农产品质量安全舆情关联要素根据生产环节可以分为：①产地环境；②种养殖过程（主要涉及农业投入品的使用）；③收贮运过程（主要涉及储藏措施及添加剂、防腐剂使用等）。根据关注的农产品种类不同，可以将舆情关联要素分为：①种植业产品；②畜禽产品；③水产品。根据农产品质量安全舆情要素的关注主体不同，可以将舆情关联要素分为：①生产者关注要素；②消费者关注要素；③政府关注要素；④媒体关注要素。根据舆情引发的危害和关注程度由重到轻可将其分为：①四星要素；②三星要素；③二星要素；④一星要素。

1. 生产环节舆情要素

（1）产地环境

产地环境中影响农产品质量安全舆情的关联因素主要是工业废水的排放和

农业面源污染。工业废水中含有氮、磷、钾、锌、镁等多种养分，有丰富的有机质悬浮物，对农产品的生长具有一定的好处，可减少肥料施用，但是由于污水中镉、铅、汞、砷等重金属含量相对较高，如果不对其进行处理后灌溉，则容易造成产地环境的重金属含量超标。农业投入品的过量使用和农业废弃物是造成产地环境污染的重要因素。前茬使用的农药往往对现茬种植的作物产生药害，尤其是在大棚蔬菜种植过程中，单一的蔬菜种植和单一的农药累积，易造成蔬菜中农药残留超标。寿光市蔬菜种植中都使用农膜来增加蔬菜产量，但由于农膜的残留率较高，较难分解，从而导致产地污染，影响下茬作物生长。

（2）种养殖过程

种植过程中肥料和农药的滥用是导致农产品质量安全事件频发和舆情爆发的主要因素之一。过量施肥会造成肥料的大量浪费，蔬菜体内硝酸盐含量超标，地下水硝酸盐污染等。化肥中含有的重金属元素、放射性物质及劣质磷肥中含有的三氯乙醛、氟化物等，使农业环境和农产品重金属含量超标，造成污染危害。种植过程中施用的有机肥多来源于附近养殖场的畜禽粪便，其中镉、铅、砷、汞的含量超标率较高，从而危害产地环境进而造成果蔬中重金属含量超标。虽然目前生物农药的使用比例在逐年提高，但目前还是以化学农药为主。在个别的蔬菜种植和贮存中仍存在使用高毒高残留农药，如甲拌磷、氧化乐果，甚至禁用农药，如涕灭威、六六粉的现象。农民会因为病虫害的加重而故意增加剂量和缩短间隔期，导致农药使用量加大，残留量高。

畜禽、水产养殖过程中，主要影响质量安全的风险隐患有兽（渔）药、农药残留，土壤、饲料中的重金属残留，有机污染物，微生物污染，畜禽性饲料污染等。畜禽和水产品中残留的兽（渔）药目前主要是抗生素类药物、磺胺类药物、呋喃类药物等，这些药物的残留对人类的危害极为严重。而且，不遵守休药期规定，超剂量、超范围用药都是导致兽药残留的重要原因。有的养殖场为了达到防病治病、减少动物死亡的目的，实行药物与日粮同步，在饲料中添加性激素和氯丙嗪等镇静药等现象仍然屡禁不止。动物始终食用含药食物，导致体内药物无法正常代谢，形成蓄积。如“速生鸡”和“多宝鱼”等，均是滥用兽（渔）药、违禁药品而引发的农产品质量安全问题。

（3）收贮运和初加工过程

加工和包装环节是农产品原料经粗加工成为半成品、成品的过程，是农产品的安全保障环节。包装材料、加工过程、加工工艺、贮存条件和运输条件等均会影响到农产品质量的安全性。由于我国农产品供应链管理尚处于初级阶段，主要依靠分散农户开展农产品生产，依赖个体商贩从事农产品初始运输、批发，缺少安全贮藏条件。运输贮存的配套设施如仓库、冷藏加工、运输车辆等跟不上实际需要，会使农产品遭受各种微生物的污染，这些微生物在适宜的条件下大量生长和繁殖并同时产生毒素，其中细菌、真菌、病毒是主要的污染源。同时由于农产品生产的季节性、地域性或易腐性等特点，农产品从产地到餐桌的运输或贮藏过程中存在滥用和非法使用添加剂、保鲜剂的现象。常用的保鲜剂有涂膜保鲜剂、吸附保鲜剂、抑制保鲜剂等，但仍有个别菜贩和菜农使用违禁产品用于果蔬的保鲜，例如使用甲醛保鲜白菜，六六粉、敌敌畏保鲜生姜等。因此，贮运措施和保鲜剂是影响农产品储存运输过程中质量安全的风险隐患之一。

2. 农产品种类舆情要素

（1）种植业产品

主要包括小麦、玉米、花生、蔬菜（包括设施蔬菜）、水果、大豆、薯类（马铃薯、甘薯）等。相关舆情要素主要有：农业投入品及其引发的代谢物或者其他次生物质、作物自身产生或者外部行为不当而诱发的有毒物质（生物毒素类等）、环境污染造成的有害污染物（农药类、兽药类、化学工业品等）、致病微生物和重金属等。微生物类产品主要是指食用菌等。由于食用菌的原材料取之于植物和工业品，在接种、消毒、栽培、加工保鲜、贮藏等过程中使用农药或接触化学品，因此，食用菌类产品安全质量与农残、重金属、化学品污染以及产品在生长过程中自身产生的化学物质有关。舆情要素有：原材料残留的农药化肥、生长繁殖过程中添加的化学品（消毒剂、生长激素等）、加工贮藏过程中的保鲜剂（甲醛）等方面的信息进行搜集整理和分析研究。

（2）畜禽产品

包括鸡、鸭、猪、牛、羊等可食用部分，种禽类动物和爬行类动物的蛋类产品，以及生鲜乳产品等。相关舆情要素包括：饲料中的违法添加物（抗生素、瘦肉精、防腐剂等）、残留的兽药及代谢物、环境污染或贮运不当造成的有毒物质（致病微生物、重金属等）等。

（3）水产品

包括淡水产品和海水产品。舆情要素有：饲料中的违法添加物（抗生素、激素等）、养殖和捕捞后水产品中残留的渔药及代谢物、环境污染或贮运不当造成的有毒物质（致病微生物、重金属等）、寄生虫等（表2.1）。

表2.1　农产品种类舆情要素

农产品	重点监测对象	监测风险因素	监测环节	监测原因
植物类	韭菜、豇豆、生姜等	农药残留	种植过程	病虫害较多、农药使用不规范
	白菜、山药、蘑菇等	甲醛	贮运过程	人为添加违禁物质
	苹果、西瓜、柑橘等	膨大剂、蛆虫、染色剂	种植、贮运过程	人为添加违禁物质或媒体炒作
	大米等	镉	产地环境	重金属污染
畜禽产品	猪肉、禽肉等	瘦肉精、抗生素等药物	养殖环节	人为添加违禁物质、滥用抗生素
	蛋类	苏丹红等	初加工环节	人为添加违禁物
	生鲜乳	三聚氰胺	养殖及收贮运环节	人为添加违禁物
水产品	各种鱼类	违禁渔药及违禁添加剂	养殖环节、贮运环节	人为添加违禁物
微生物类	食用菌	甲醛、工业柠檬酸	养殖、贮运环节	人为添加违禁物

3. 关注主体舆情要素

（1）生产者关注要素

现代农业的农产品生产不同于传统农业，是在现代工业和现代科学技术基础上发展起来的农业。新型生产技术的出现，使农产品质量危险发生的概率和种类增加。农产品的产地环境，集约化种养模式，农药、抗生素的使用，农产品大范围流通，如果生产者不具备相应的知识信息，无知地使用某些有害技术应用于农产品生产，并使之流入市场，对消费者造成危害。生产者主要关注的是自身种养殖的农产品是否存在污染、农业投入品是否滥用等；该舆情的波及范围是否影响其自身农产品的种养殖和销售；监管部门如何解决处理该问题等。因此生产者所关注的主要舆情要素有：①农业投入品（主要包括农药、兽药、化肥等）和添加剂的使用情况，添加剂滥用和违禁添加品等；②产地环境的污染情况，包括工业三废和农业活动对土壤、空气、水的污染和破坏（包括持久性有机污染物、农药残留、兽药残留、重金属等）；③种养殖过程中病虫害、疫病的防治情况等；④市场供需情况等。

（2）消费者关注要素

根据农产品的质量特征，农产品的感官品质（农产品的鲜嫩程度、口感、味道和烹饪特征）必须在购买后方可获得，而有关农产品安全和营养水平等方面的特征，例如涉及农产品安全的激素、农兽药残留、病菌含量、化肥使用残留、环境污染的影响，以及涉及营养与健康的营养成分含量和配合比例等，是消费者无法了解的质量安全特征。消费者在购买农产品时，只能凭农产品的搜寻品特征（农产品的颜色、大小、光泽、形状、成熟度、外伤、肥瘦、肉品肌理和新鲜程度等）或以往的经验做出自己的判断和选择。因此，消费者关注的舆情要素主要为自己不可知的农产品质量安全特征，主要包括：①种养殖过程中农药残留超标情况；②抗生素激素的违规使用情况；③农产品产地污染情况（重金属和农药残留）；④微生物尤其是病原微生物的超标情况；⑤是否存在其他未知的危害产品或风险因素；⑥政府部门通报的不合格产品及企业名录信息等。

（3）政府监管部门关注要素

政府监管部门应掌握权威的农产品质量安全相关法律法规、标准技术规程、体系队伍建设、监测检验数据、农产品质量安全现状、安全生产的科学技术创新等信息作为决策依据。建立农产品信誉机制，消除信息不对称是提高农产品质量的主要途径，因此，政府部门要对所辖地区农产品质量安全的全过程进行监督管理，其关注的主要舆情要素有：①国家新颁布出台的法律、法规、意见、办法及标准制修订情况；②上级监管部门采取的重要决策文件；③农产品监督抽查检测结果；④所辖地区是否存在产地环境污染状况；⑤所辖地区是否存在相同的农残、兽残等农业投入品滥用情况；⑥是否属于监管部门的职责；⑦应急处置是否得当等。

（4）媒体关注要素

媒体作为生产者、经营者与消费者之间的信息桥梁，随着消费者对农产品质量安全的关注度越来越高，媒体曝光的农产品质量安全事件也越来越多。但由于个别媒体自身认知的狭隘性和恶意炒作博眼球的做法，导致了较多不实的负面信息逐渐涌现出来，不仅没有成为生产经营者与消费者之间的交流桥梁，反而阻碍了信息的传播。媒体主要关注的要素包括：①种植业产品中禁限用农药、植物激素的违规使用和残留超标；②动物性产品中违规使用抗生素和残留超标；③储运和加工过程中违法使用添加剂；④政府的监管和应急处置机制；⑤弄虚作假、假冒伪劣产品等。

4. 舆情危害程度分类

根据影响农产品质量安全的舆情引发的危害及关注程度，可以将舆情要素分为：四星要素，危害大、关注程度高；三星要素，危害较大、关注程度较高；二星要素，有一定危害和关注程度；一星要素，有潜在危害、关注程度低。

（1）四星要素

根据近几年农产品质量安全舆情监测的参数来看，农药残留是四大主体关注最多的因素之一，其中果蔬中禁限用农药的违规使用和农药残留超标是关注的主要问题。由于农药残留引发的农产品质量安全舆情较多，例如“套袋苹果”“毒生姜”“毒韭菜”“膨大西瓜”等。农药残留对消费者的身体健康造成的危害是急性的、可以直观看到的，因此受关注程度较高。而生产者在使用农药时，也由于文化程度偏低和技术的限制，可能会造成农产品的农药残留超标。政府虽然加大了农药等投入品的监管使用，从法律法规的制定到日常抽查监管中做了大量的工作，但是由于农产品的生产周期较长，不可控因素较多，因此难免有漏网之鱼。媒体对禁限用农药的使用及农药残留问题更是异常敏感。由于消费者对农药使用和农药残留的认知欠缺，对农药残留引发的农产品质量安全舆情关注度最高。因此，农产品质量安全舆情四星要素为农药残留问题。

（2）三星要素

随着人们膳食结构的不断改善，肉、蛋、乳、水产品等动物性食品所占比例在不断增加。但集约化的养殖与管理之间的不协调，造成了大量疫病的流行、暴发及其他不利于动物健康的因素出现。为了解决这些矛盾，大量的、种类繁多的抗生素被应用于畜禽生产的众多环节，因而在动物性食品中造成了不同程度的抗生素残留，伴随而来的是对公众健康和环境的潜在危害。人食用含有抗生素残留的肉、蛋、奶、鱼等动物性食品后，虽不像农药残留等表现出急性毒理作用。但长时间摄入低剂量抗生素残留的动物性食品，会造成抗生素在人体内蓄积，引起各种组织器官病变，甚至癌变。消费者对肉蛋奶的需要逐渐增加的同时，对其质量安全也相当关注，尤其是近几年的“三聚氰胺”“瘦肉精”“速生鸡”等事件频发，涉及婴幼儿健康等系列问题，对动物性产品中抗生素残留关注较高。因此将抗生素残留列为农产品质量安全舆情三星关注要素。

（3）二星要素

农作物的生长发育离不开环境，环境的污染直接影响着农作物的生长，工业三废和面源污染导致的环境问题对农产品品质和产量有极大的影响。环境污染物中重金属和持久性有机污染物（POPs）对农产品质量安全的危害相对较大。重金属中以汞、镉和铅的危害最大，可通过产地环境富集在农产品内，再通过食物链进入人体中。由于重金属污染具有隐蔽性、潜伏性、不可逆性和长期性等特点，因此重金属污染所产生的后果十分严重。而像二噁英、多氯联苯、多环芳烃等持久性有机污染物在畜禽产品中的富集也随着工业污染的扩散而加剧。持久性有机污染物具备四种特性：高毒、持久、生物积累性、远距离迁移性，而位于生物链顶端的人类，则把这些毒性放大到了数万倍。随着社会的进步和人们整体素质的提升，对产地环境的关注逐年上升，尤其是在绿色和平组织公布了产地农药残留报告和“镉大米”事件发生后，更加注重产地环境中重金属和持久性有机污染物的问题。因此，农产品质量安全舆情二星关注要素为重金属和持久性有机污染物为代表的环境污染物。

（4）一星要素

在贮藏和运输过程中，为使农产品保鲜，经营者往往使用化工制剂进行处理，其中的有毒有害物质造成农产品的不安全，譬如：有的用硫酸处理胡萝卜、生姜，用氨水催熟西红柿等；有的为了动物性食品的鲜亮好看，在加工贮藏过程中非法过量使用一些碱粉、芒硝、漂白粉或色素、香精等；有的为了延长产品货架期，添加抗生素以达到灭菌的目的。屡屡曝光的“甲醛白菜”“甲醛山药”等问题，让消费者的关注点集中在收贮运环节中的添加剂问题，因此，添加剂和违禁添加化学品是舆情关注的一星要素。

二、产地农产品质量安全舆情信息体系

农产品质量安全舆情信息体系是指从事农产品质量安全舆情信息工作的机构、人员、信息资源、信息基础设施和信息技术等要素构成的系统整体。它的主要功能是对农产品质量安全舆情信息进行收集、整理、加工、贮存、传递、反馈及利用。农产品质量安全舆情信息是来自于农产品和农业生产、销售的相

关信息，能够反映农产品质量安全问题和状况、影响公众对农产品质量安全认知，是政府部门采取决策和实施监管、预警、科普等工作的基础。建立、完善农产品质量安全信息体系有利于规范农业生产、支持和验证监管工作推进开展、预防和控制农业生产风险。提前把握各种农产品质量安全状况，对潜在的农产品安全问题及时发出警报，针对可能存在的质量风险或潜在危害采取预防性安全保障措施，最大限度地降低损失（陈本晶，2016）。

1. 我国产地农产品质量安全信息构成

产地农产品质量安全舆情信息是指农产品从生产到进入消费的过程中，不同的生产主体在不同生产环节（产地环境、农业投入品、生产过程、产地准出、包装标识）中存在的与农产品质量安全相关的信息。农产品的生产主体主要包括农产品生产企业、农民专业合作社、家庭农场、种养大户和散户等 5 个主体。产地农产品质量安全舆情信息主要包括生产主体的基本情况、产地环境信息、农业投入品信息、农产品生产过程档案、产地准出信息及产品包装、标识、产地编码等信息（董燕婕，2015）。

（1）生产主体的基本信息

对生产企业、合作社、家庭农场、种养殖大户和散户等农产品生产主体，按蔬菜、水果、茶叶、粮油、畜牧、水产等进行分类登记，详细登记种养地址、种养规模、负责人姓名及联系电话等。

（2）产地环境信息

包括产地环境的基本情况（本底）及其污染状况信息。农产品产地环境的污染主要是指大气、水体和土壤的污染，其中水体污染和土壤污染尤其严重。工业“三废”、医疗垃圾、生活垃圾、种养殖业垃圾、农业投入品等因素，均可对农产品产地环境造成污染，导致土壤重金属超标、水体富营养化以及赤潮等土壤和水体物力、化学及生物性污染，进而影响农产品质量安全和人体的生命健康。在产地环境环节，需要采集关于各种污染因素对土壤、水体和空气的危害信息。

（3）农业投入品信息

主要包括农药、兽（渔）药、肥料、植物生长调节剂、饲料添加剂、农膜等农业投入品信息。如农（兽）药不合理使用，违规超范围使用，不注重休药期等，都会对农产品质量产生危害。特别是剧毒农药的使用，不仅使得植物性农产品直接食用对人体产生危害，而且作为饲料会在动物体内继续存在且与其他兽药一起产生药物积累，对人体危害更大。因此，对于农业投入品，需采集包括肥料、农药、兽药、渔药、植物生长调节剂、饲料添加剂、农膜等的种类、用量、频率和休药期的长短等信息。

（4）生产过程信息

生产过程中，影响农产品质量安全的主要因素为农事操作及病虫害的防控。农产品在生产过程中病虫害的暴发，农业投入品的不规范使用，农产品收获、贮藏等环节的各种物理性、化学性、生物性污染，从而影响农产品的质量安全。因此，在生产过程中需采集的农产品质量安全信息应包括动物疫病和植物病虫草害的发生和防治情况、农业投入品的使用情况，农产品收获、屠宰、捕捞的措施、日期等情况，以及保鲜、贮藏过程中的条件、措施等信息。

（5）产地准出信息

产地准出信息应包括生产档案（生产主体基本信息）、主要农资（种子、农药、肥料）购买、田间主要农事操作（播种、定植、施肥、施药）和产地准出、产地证明和检测报告等。

（6）加工、包装及运输信息

加工和包装环节是农产品原料经粗加工成为半成品、成品的过程，是农产品的安全保障环节。包装材料、加工过程、加工工艺、贮存条件和运输条件等均会影响到农产品质量的安全性。由于我国农产品供应链管理尚处于初级阶段，主要依靠分散农户开展农产品生产，依赖个体商贩从事农产品初始运输、批发，缺少安全贮藏条件。同时由于农产品生产的季节性、地域性或易腐性等特点，农产品从产地到餐桌的运输或贮藏过程中存在滥用和非法使用添加剂、保鲜剂的现象。目前，在农产品质量安全监管中，一旦发生农产品质量安全事件，往往难以判定事件发生的环节和责任主体，需要全面掌握各个环节农产品质量安全信息。

运输贮存的配套设施如仓库、冷藏加工、运输车辆等跟不上实际需要，会使农产品遭受各种微生物的污染，这些微生物在适宜的条件下大量生长和繁殖并同时产生毒素，其中细菌、真菌、病毒是主要的污染源。在贮藏和运输过程中，为了使农产品保鲜，经营者往往使用化工制剂进行处理，有的为了延长产品货架期，甚至添加抗生素以达到灭菌的目的，这些措施都可能成为农产品质量安全隐患。

因此，在加工、包装及运输环节中，需采集的农产品质量安全信息应包括添加剂、包装材料和容器、包装和加工工具、洗涤剂和消毒剂以及贮存保鲜、运输条件等信息。

2. 农产品质量安全舆情信息的采集

农产品安全舆情信息体系的成功运转，必须建立在准确、全面、适时的信息采集基础之上，及时发现风险隐患。因此需要对农产品安全信息进行收集、整理、甄别、判定等，建立健全信息监测网络系统。农产品质量安全舆情信息应采集五大关键信息，包括产地环境信息、农业投入品信息、生产过程信息、农产品质量监管信息和其他信息等。

（1）产地环境信息

产地环境信息主要包括产地土壤环境、产地水体环境、产地大气环境和产地地理环境 4 个方面。产地土壤环境主要包括的信息有产地环境背景值、污染源（废气、废水、重金属）、农产品用水质量、土壤肥力、农药残留等。

（2）农业投入品信息

农业投入品是指在农产品生产过程中使用或添加的物质，包括农药、兽药、农作物种子、水产苗种、种畜禽、饲料和饲料添加剂、肥料、兽医器械、植保机械等农用生产资料产品。农业投入品的安全隐患较多，具体表现在农产品的生产、加工、销售的各个环节。对于生产主体来说，需建立农业投入品使用台账，记载包括农药、兽药、化肥、激素等农业投入品的使用信息（名称、来源、用法、用量、使用频率、使用及停用日期）。对于农资企业来说，需建立农业投入品经营台账，记载包括农业投入品名称、进货来源、进货日期、销售去向等信息。对于加工企业来说，需记载防腐剂、保鲜剂、添加剂等药物的使用信息（名称、来源、用法、用量等）。

（3）生产过程信息

生产过程信息主要包括农产品生产记录信息和产地准出信息。农产品生产记录必须载明3个方面的内容：一要详细记载生产活动中所使用过的农业投入品的名称、来源、用法、用量、使用日期、停用日期；二要详细记载生产过程动物疫病、植物病虫草害的发生、防治情况；三要如实记载种植业产品收获、畜禽屠宰、水产捕捞的方式方法及日期。

养殖档案的主要内容包括畜禽的品种、数量、繁殖记录、标识情况、来源和进出日期；饲料、饲料添加剂等投入品和兽药来源、名称、使用对象、时间和用量等有关情况；检疫、免疫、监测、消毒情况；畜禽发病、诊疗、死亡和无害化处理情况；畜禽养殖代码等农业农村部规定的其他内容。

产地准出信息则包括除生产记录外的主要农资（种子、农药、肥料）购买、田间主要农事操作（播种、定植、施肥、施药）和产地准出、产地证明和检测报告等。

（4）农产品质量监管信息

农产品质量监管信息主要包括农产品污染物的残留信息，如农药残留、兽药残留、重金属残留、微生物、生物毒素等。主要来源于：①农产品质量监督和执法中发现的农产品质量安全信息；②农产品质量监督抽查、强制检验结果；③违反农产品质量安全有关法律法规，被相关部门依法查处的重大、典型案件；④消费者对农产品质量安全的申诉、举报；⑤各类媒体披露的农产品质量安全信息；⑥我国出入境动植物产品的风险预警信息或国外政府、国际组织发布的农产品质量安全信息；⑦其他对人体健康和人身安全造成严重危害或具有潜在危害的农产品质量安全信息。

（5）其他信息

其他信息主要包括公正性信息和认证信息。公正性信息主要是指由政府部门发布的：①农产品和农业投入品质量安全例行监测、监督抽查、专项监测等农产品质量安全方面的信息；②针对危害或可能危害消费者健康的农产品质量安全预警信息，提醒消费者注意消费安全；③在农产品质量安全突发应急事件发生后，按程序及时发布准确、权威信息，向社会公布有关情况及事件的预防、控制和处理措施；④针对人民群众普遍关心的热点问题，组织专家及各有关方面，开展科学宣传报道，普及农产品质量安全基本知识。

认证信息目前主要为“三品一标”等优质、品牌农产品认证信息。农产品“三品一标”主要是指无公害农产品、绿色食品、有机农产品和农产品地理标志（杨晓霞，2015）。农产品是否获得相应的认证认可，决定于该农产品生产加工过程是否达到了相应的质量要求，体现了农产品质量安全水平的高低。

三、农产品质量安全舆情监测机制

1. 舆情监测范围及指标

根据产地环节农产品质量安全舆情关联要素分类情况，产地农产品质量安全舆情信息监测范围主要包括：①不同生产环节的舆情信息，如产地环境的农残、地膜、重金属污染，种养殖环节的农兽药等农业投入品使用，收贮运过程中储存措施、生物性污染和化学性污染；②重点关注农产品种类，如植物源性产品，动物源性产品，水产品，生鲜乳产品；③关注主体要素，如生产者关心的产地归属、农残超标是否与己相关，消费者关心的农兽残留是否超标，监管部门关注的所辖地区的农产品质量安全问题，媒体关注的是否存在禁限用农药等；④危害程度要素，如四星要素农药残留，三星要素抗生素，二星要素环境污染物，一星要素添加剂等。

农产品质量安全舆情监测的指标体系主要包括认知层面的扩散度、关注层面的聚焦度、思考层面的解析度、表达层面的参与度等四个一级指标。扩散度可分为首发媒体的可信度、媒体传播速度、媒体传播广度等二级指标，以及首发媒体的权威程度、网络页面新增速度、媒体类型分布、媒体地域分布等三级指标，从而显示认知环节的舆情发展水平。聚焦度可分为网民关注的门户网站、论坛博客、微博、微信等的搜索量、专用搜索工具的搜索量等二级指标，以及各二级指标下新增的发帖量、评论数、转发数、浏览数、点赞数等若干三级指标，从而显示关注环节上的舆情发展水平。解析度主要分为门户网站、论坛博客、微博、微信等的点击量与舆情表达的数量差等二级指标，显示思考环节上舆情的发展水平和潜在舆情的活动水平。参与度主要是网络舆情的表达数量，主要包括新闻网站、论坛博客、微博、微信等的评论及恢复跟帖数量等二三级指标。

针对负面舆情信息，上述舆情指标的三四项可以调整为负面舆情的危机潜力指标和负面舆情潜力指标。负面舆情的危机潜力指标主要分为重点舆情因变事项因素的包含水平和社会心理热点的对应水平等二级指标，因变事项因素的包含水平在农产品质量安全舆情中主要指的是农产品类型、事件发生原因、事件发生环节、事件发生地域及事件危害程度等；社会心理热点的对应水平则包括道德伦理热点、经济民生热点、行政管理热点和立法司法热点等，显示舆论危机的触发可能性。负向舆情潜力指标则包括媒体、民众等在强度（较高）上的趋向程度等二级指标，在发生的农产品质量安全舆情中，报道负面信息的媒体数占总报道量的比例和民众回应负面的数量占总回应量的比例等三级指标，可以预示强烈舆论形成的可能性。

2. 舆情监测机构设置

由于农产品质量安全信息数据来源于多个部门，必须制定相应的组织、制度作为保障。设立或指定一个专门的机构，如农产品质量安全信息中心，下设遍及国家、省级、地市级、县区级、乡镇级和村级的信息网点，每一网点为一个信息采集点。借助现代化互联网工具，将信息网点相互连接，形成信息网络。要有相对稳定的信息收集人员和监测队伍，同时要有充足的经费作为后盾。因此，农产品质量安全信息体系的建立要求政府必须落实好部门责任、人员、经费等，确保监测和信息搜集工作的顺利开展。

3. 舆情监测点的设立

农产品质量安全信息的采集是农产品质量安全监管的重要内容，负责农产品质量安全监管的工作机构，承担农产品质量安全信息监测的管理工作。因此，信息采集点主要应包括省市级、县区级的农产品质量安全监管站（点）、环境监测站、植物保护站及农药肥料销售网点、农技推广中心、产地监控机构及设施、质量监督检测中心、专设信息监测点（信息监测员）等。

4. 舆情监测人员配置

各信息点聘用若干信息员。信息采集员的主要职责是根据农产品质量安全信息中心确定的时间（如每旬或每月）、地点、范围等，定期采集农产品质量安全的相关风险信息，及时上报农产品质量安全信息中心。信息监测员负责舆情关联要素的整理和舆情快报的撰写，并根据可能发生舆情的信息及时上报上级农业主管部门，实行每周一报制度，重要警情采取随时上报原则。信息监测员应具有较高的文化水平，熟悉农产品质量安全政策法规和相关标准，具有较强的工作责任心和基本的分析判断能力，可以准确阐述舆情关联信息发生的原因和可能引发的后果。也可寻找相关单位的兼职信息员，在日常工作的同时，收集有关农产品质量安全风险信息并及时上报领导和上级主管部门。

5. 舆情监测信息共享平台及数据库构建

要建立一个信息收集的平台及数据库，拓展资源共享群体。建立起覆盖区域内农产品质检机构、大型批发市场、农贸市场、超市和示范基地检测站的农产品质量安全信息网络体系，实现对农产品安全生产和市场销售的全过程监控；集聚各检测中心的检测数据，实时分析相关数据，及时向政府部门、科研部门、消费者、生产者、经营者发布和传递农产品质量安全信息，实现信息资源在部、省、市、县等各个层面的共享，为全面推进市场准入制度提供数据支持。通过搭建农产品质量安全监测数据资源共享平台，形成多部门有机配合和共享的网络体系，实现监督管理快速反应。

6. 舆情监测信息研判

首先，依靠监测获得的数据资料和有关信息，运用数学方法进行量化处理，如统计方法和数学模型等，近似揭示分析对象和影响因素之间的数量变动关系，建立相应的预警模型，然后对预警目标做出定量测算；或者凭借个人或集体的智慧和经验，利用主观判断的方式方法，对事物、现象的发展趋势和未来状态进行预警分析。

然后，组织农产品质量安全舆情信息分析研判专家（科研事业单位、质检中心、风险评估实验室（站）、农产品质量安全专家组等机构和人员）对信息开展深入的分析研判，确定观察对象各指标的权重，计算出观察对象危险程度的综合分数；最后根据预先设定的警戒线（阈值），对不同预警对象进行预测和推断，甄别出高危品种、高危地区、高危人群等。

第三节　产地农产品质量安全舆情分级

产地农产品质量安全舆情的分级是根据影响产地舆情的环节、因素、主体等情况，对不同的环节、主体、因素、时段、地区等进行分级赋值，将所得分数相加后，判断形成的舆情分级。

一、舆情发生环节敏感分级

产地舆情发生的环节主要包括生产环节、初加工环节、贮运保鲜和销售环节。根据历年来舆情发生环节的多寡、主体的关注程度、风险危害程度进行分级。根据 2014—2016 年的农产品质量安全舆情事件监测数据得知（表 2. 2），农产品生产环节舆情所占比例从 2014 年的 45. 03%到 2016 年的 57. 27%，呈逐年上升趋势；初加工环节所涉舆情数量所占比例从2014年的32.87%到2016年的19.38%，呈逐年下降趋势；农产品生产环节和产地初加工收贮运环节是农产品质量安全最容易发生问题舆情的环节。

表2.2　2014—2016年农产品质量安全质量问题事件舆情环节分布

环节	2014年		2015年		2016年	
	舆情样本（个）	比例（%）	舆情样本（个）	比例（%）	舆情样本（个）	比例（%）
生产	163	45.03	140	50.91	130	57.27
初加工	119	32.87	68	24.72	44	19.38
贮运保鲜	14	3.87	32	11.64	21	6.25
销售	66	18.23	35	12.73	32	14.10

根据2014—2016年舆情发生环节的多寡、主体的关注程度、风险危害程度进行分级（表2.3）。根据监测数据得知，2014—2016年的农产品质量安全舆情事件中，生产环节发生的次数最多，其造成或可能造成的后果也是最为严重。生产环节造成的危害是与消费者直接相关的，因此也是消费者、媒体等最为关注的环节。综合可知，生产环节是产地舆情的高敏环节。通过分级属值，生产环节为10级，初加工为7级，贮运保鲜为4级，销售为3级（赵善仓，2018）。

表2.3　产地环节分级

发生环节	舆情发生概率	主体关注程度	风险危害程度	分级
生产环节	6	2	2	10
初加工	3	2	2	7
贮运保鲜	2	1	1	4
销售	1	1	1	3

二、舆情诱发因子敏感分级

根据近几年的监测数据得知，高敏农产品包括有机农产品、蜂蜜、牛肉、蔬菜、水产品、猪肉、鸡蛋、茶叶、草莓和豆芽等；高敏危害因子有农兽药残留超标、动物疫病、沙门氏菌感染、违规使用抗生素、瘦肉精、孔雀石绿、防腐保鲜添加剂等。农业投入品对消费者的身体健康造成的危害是急性的、可以直观看到的，因此受关注程度较高。

农药残留超标或者禁限用农药使用引发的“毒生姜”和“毒韭菜”事件，兽药残留引发的“速生鸡”事件等主要违禁农业投入品所引发舆情所占比例（表2.4）从2014年的20.45%到2016年的41.67%，呈逐年上升趋势。制假售假及违法违规加工所引发舆情所占比例从2014年的36.36%到2016年的15.20%，呈逐年下降趋势。产地环境污染所引发舆情所占比例呈稳定趋势，其中重金属中以汞、镉和铅的危害最大，可通过产地环境富集在农产品内，再通过食物链进入人体中。由于重金属污染具有隐蔽性、潜伏性、不可逆性和长期性等特点，因此重金属污染所产生的后果也十分严重。

表2.4　2014—2016年农产品质量安全质量问题事件舆情诱因

环节	2014年		2015年		2016年	
	样本（个）	比例（%）	样本（个）	比例（%）	样本（个）	比例（%）
农业投入品	63	20.45	77	31.82	85	41.67
制假售假及违法违规加工	112	36.36	45	18.60	31	15.20
致病微生物及寄生虫污染	34	11.04	39	16.12	30	14.71
非法添加	53	17.21	34	14.05	19	9.31
产地环境污染	42	13.64	25	10.33	27	13.24
自身毒素及代谢产物	4	3.0	22	9.09	12	5.88

“农业投入品”问题是引发网络舆情的首要原因，通过分级属值（表2.5）农业投入品为12级，制假售假及违法违规加工为11级，致病微生物及寄生虫为7级，非法添加为7级，产地环境污染为4级，自身毒素及代谢产物为3级（赵善仓，2018）。

表 2.5 舆情诱因分级

舆情诱因	发生概率	关注程度	危害程度	分级
农业投入品	6	3	3	12
制假售假及违法违规加工	5	3	3	11
致病微生物及寄生虫	3	2	2	7
非法添加	3	2	2	7
产地环境污染	2	1	1	4
自身毒素及代谢产物	1	1	1	3

三、舆情时段分级

我国农产品种类繁多，地域辽阔，舆情发生的时间也不大相同，基本每个时间段都有相应的舆情发生。根据监测数据得知，产地舆情高发与农产品的分段上市有关，但总体来说，春夏两季多为农产品上市的季节，发生的产地舆情事件也相应较多，例如“膨大剂西瓜”“毒生姜”“孔雀石绿鱼”，秋冬季节舆情较少发生。2014 年到 2016 年农产品质量安全舆情检测分析研究表明，3—7 月和 9—11 月是传言、谣言类舆情的活跃期，舆情峰值出现在 5 月和 11 月。传言、谣言类舆情活跃时节与相关鲜活农产品集中上市时节基本一致。因此，产地舆情的高敏时段是春夏季节。

四、舆情的地区分级

产地舆情多发生于农业大省，基本呈南方高于北方，中东部高于西部的趋势。纵观近几年的舆情监测数据，农产品质量安全舆情的媒体和网民相对集中在山东、广东、湖南、北京和黑龙江等地区。监测发现，农产品质量安全舆情被关注的重点地区，也是农产品主要生产省份和主要消费省份。

五、舆情的主体分级

在农产品质量安全舆情的四大主体中，就关注程度来说，第一，消费者是农产品的购买者和体验者，直接影响其自身的身体健康，对农产品的质量安全最为关注；第二，生产者作为舆情经济利益的直接关系者，是最关心舆情走向及波及范围的；第三，政府监管部门对所辖地区的农产品质量安全的情况反映其监管和执政能力，也相对关注；第四，媒体作为监督的一个舆论手段，也关注农产品质量安全。因此，消费者是产地舆情的高敏主体。

第四节　产地环节农产品质量安全舆情关注的重点

产地环节农产品质量安全舆情关注的重点包括高敏人群、高敏地区、高敏品种、高敏环节、高敏季节等。

一、高敏人群

关注农产品质量安全舆情的高敏人群主要包括生产者、消费者、销售者、监管者、媒体等。

1. 生产者

生产者主要包括生产企业、农民合作社、家庭农场、种养殖大户和普通农户。

（1）生产企业

生产企业是指将农产品生产和销售作为盈利经营的农业企业。农业企业既包括联产承包经营企业，如以上游企业与下游生产者联合生产方式经营企业，又包括产销一体经营农业企业。

（2）农民合作社

国际合作社联盟提出农民合作社的定义是：通过农民自愿合作生产和经营的方式来实现彼此的经济需要的组织。《中华人民共和国农民专业合作社法》提出，农民专业合作社是拥有农业生产知识和生产经营管理的能力，并且自愿为农业生产者提供专业生产经营服务的组织。

（3）家庭农场

家庭农场，一个起源于欧美的舶来名词；在中国，它类似于种养大户的升级版。通常定义为：以家庭成员为主要劳动力，从事农业规模化、集约化、商品化生产经营，并以农业收入为家庭主要收入来源的新型农业经营主体。家庭农场是指以家庭成员为主要劳动力，从事农业规模化、集约化、商品化生产经营，并以农业收入为家庭主要收入来源的新型农业经营主体。2008 年党的十七届三中全会公报第一次将家庭农场作为农业规模经营主体之一提出。

（4）种养殖大户

种养殖大户是指从事种植业和养殖业生产经营达到一定规模和条件的经营户（含农业户、城镇居民户），但不包括注册登记的农民合作社、公司等经营主体。其中，种植大户按种植作物类别分为粮食（水稻）、果树、蔬菜、西瓜、白莲、食用菌、茶叶等大户；养殖大户按养殖种类分为猪、牛、羊、鸡、鸭、鹅、兔等畜禽养殖大户、养蜂大户和水产养殖大户。

（5）普通农户

普通农户是指以家庭劳动力为主，从事农业生产活动的主体。其中包括在自己家庭土地基础上的经营活动和通过土地流转后规模较大的家庭经营活动。农户生产主体的特点是农产品生产主要依靠家庭劳动力，按照农产品生产的目的性，分为两种类型的农户生产。一是自给性生产行为，目的是满足自身和家庭需要；二是商品性生产行为，其主要通过农业生产获取家庭收入。

2. 消费者

基于农产品的生产特性，消费者与生产者之间存在着“信息不对称”的情况。因而，消费者对农产品质量安全尤为关注，尤其是生产、运输、储存过程中的任何可能存在的风险，都有可能对其身体健康有所影响。

根据农产品的质量特征，农产品的感官品质特征（农产品的鲜嫩程度、口感、味道和烹饪特征）必须在购买后方可获得，而有关农产品安全和营养水平等方面的特征，例如涉及农产品安全的激素、抗生素、农兽药残留、致病菌、化肥使用残留、环境污染的影响，以及涉及营养与健康的营养成分含量和配合比例等，是消费者无法了解的质量安全特征。消费者在购买农产品时，只能凭农产品的搜寻品特征（农产品的颜色、大小、光泽、形状、成熟度、外伤、肥瘦、肉品肌理和新鲜程度等）或以往的经验做出自己的判断和选择。因此，消费者关注的舆情要素主要为自己不可知的农产品质量安全特征，主要包括：①种养殖过程中农兽药残留超标情况；②抗生素、激素的违规使用情况；③农产品产地污染情况（重金属和农药残留）；④微生物尤其是病原微生物的超标情况；⑤是否存在其他未知的危害产品或风险因子；⑥政府部门通报的不合格产品及企业名录信息等。

3. 销售者

销售者包括农产品销售者和农资用品销售者。农产品销售者与生产者关注的舆情信息类似，并且直接面对消费者，与生产者相比承担着更直接的责任。而销售者对于农产品生产过程中的某些信息也是不了解的，也存在一定的信息不对称情况。农资销售者销售农业投入品，而农产品质量安全的舆情引发大部分来源于农业投入品的不规范使用。一旦引发舆情，农资销售者必定要对自身售卖的农业投入品进行检查及处理。

4. 监管者

以山东省为例，按照《山东省农产品质量安全监督管理规定》，县级以上人民政府农业、林业、畜牧兽医、渔业行政主管部门（以下统称农产品质量安全监督管理部门）按照职责分工，负责本行政区域内农产品质量安全的监督管理工作。财政、公安、经济和信息化、环境保护、商务、工商行政管理、质量技术监督、食品药品监督管理等部门按照各自职责，做好农产品质量安全监督管理的相关工作。

乡（镇）人民政府、街道办事处应当根据工作需要，在建立健全农产品质量安全监管公共服务机构的基础上，负责做好农产品质量安全的宣传培训、技术推广、日常巡查等工作，落实农产品质量安全监督管理责任。

作为从事农产品质量安全监督管理工作的部门或人群，关注的重点是农产品质量安全舆情发生的地点、范围、起因和相应的应对及处理措施等。

5. 媒体

随着消费者对农产品质量安全的关注度越来越高，媒体曝光的农产品质量安全问题也越来越多。媒体是生产者、经营者和消费者之间的信息桥梁。负责客观的报道、传达专家、政府等各方面提供的证据和见解，支持各种合理的现象、辩论和讨论。但由于部分媒体从业者缺乏农产品生产和安全消费科技知识，对农产品质量安全限量标准不了解，难以对农产品质量安全问题形成科学客观的认识，导致了部分失实或者因理论知识缺乏而产生的谣言。媒体主要关注的事件包括：①植源性产品中禁限用农药的违法使用和农药残留超标。②动物性产品中抗生素的残留。③储运和加工过程中违法添加物的使用。④政府的监管和应急处置机制。⑤弄虚作假，假冒伪劣产品等。

二、高敏地区

引发产地农产品质量安全舆情的地区主要包括农产品销售地区和生产地区。农产品销售地区暴发的舆情如果是产地风险因素导致，往往会进行产地倒追，有可能涉及销售地区、生产地区，这样的舆情则可能涉及多个省市，影响范围较大。产地舆情也可能直接发生在田间地头，生产过程中被媒体曝光。农业主产区和农产品消费大区是产地舆情高敏地区。

产地舆情在全国每个省市地区都有可能发生，可能发生在农业主产大省的农业主产县市，例如山东省寿光市；也可能发生在非农业主产县市。而在非农业主产大省中，也可能发生在其农产主产县市甚至是示范县市。不同的地区造成的影响不尽相同。因此，农业主产大省、农业主产县市以及非农业主产大省的农业主产县市同属于高敏地区。

三、高敏品种

农产品品种众多，易引发农产品质量安全舆情的品种也相对较多。植物性产品中蔬菜、水果等人们日常生活必需又容易引发农产品质量安全问题的品种易发生舆情。随着人们生活水平的提高，畜禽产品和水产品的消费比例也逐年增加，肉类、蛋类、奶类、鱼类、虾蟹类、贝类等日常食用的畜禽产品引发的舆情也日益增多。2016年农产品质量安全负面舆情涉及较多的高敏农产品包括有机农产品、蜂蜜、牛肉、蔬菜、水产品、猪肉、鸡蛋、茶叶、草莓和豆芽等。

四、高敏环节

在产地舆情中，产地环境、生产过程、收储运与屠宰、产地准出等环节均有可能发生舆情，生产过程最容易发生问题舆情。据2016年统计，生产环节所涉舆情数量占比已连续两年超过50%。近年来产地环境污染问题受到更多人们的关注，其引发的舆情也逐渐成为高发舆情。

五、高敏季节

中国地域辽阔，农产品种类繁多，舆情发生的时间也不大相同，基本每个时间段都有相应的舆情发生。植物性产品舆情一般随着其上市季节发生，尤其是谣言，每到特定季节到来的时候，总会有一些从前流传过的谣言被重新翻出来，套上新的“马甲”热炒一番。畜禽产品舆情的发生多为夏季多于冬季。水产品舆情也随其上市季节有些波动。总体来说，农产品上市季节多发舆情，一般为夏秋季节发生较多，为高敏季节。

第五节　产地农产品质量安全网络舆情分析研判

为保证农产品质量安全舆情信息的客观性和科学性，充分发挥舆情信息的价值和作用，在获得舆情信息后，应及时组织相关部门领导、专家学者及技术人员进行科学咨询、分析研究，认真核实问题，对舆情走势和影响程度作出客观评估和科学研判，提出提请关注（预警）级别以及正确回应、引导舆情的科学口径和应对措施建议。

一、网络舆情分析基本要求

关于如何处置农产品质量安全网络舆情，官方至今尚无明确的规定。2011年3月，国务院食品安全委员会办公室发布的《食品安全舆情处置指导意见》第九条要求“各地区、各有关部门应当建立舆情处置专家咨询组织，在舆情发生后，科学分析研判舆情，及时对信息发布的时机、形式、主体、内容口径，以及正确引导舆情的措施等提出建议”。一般情况下，论及“农产品质量安全”时所说的“农产品”更多指的是“食用农产品”，因而，国务院食品安全委员会办公室的“指导意见”对农产品质量安全网络舆情处置也是非常适用的。根据这一“指导意见”，分析研判农产品质量安全网络舆情，各地区、各有关部门首先应当建立舆情处置专家咨询组织；其次，在分析研判农产品质量安全网络舆情时要做到“及时、准确、科学、客观”；再次，要对响应信息发布的时机、形式、主体、内容口径，以及正确引导舆情的措施等提出切实可行的建议。这是农产品质量安全网络舆情分析研判工作的基本要求和主要任务。

农产品质量安全网络舆情分析研判要做到科学、及时、准确，排除主观臆断，必须设置专门的舆情分析研判专家咨询组织，建立健全高效的分析研判制度和机制保障。舆情分析研判是一项权威性、专业性比较强的工作，要求工作人员不仅具备丰富的农产品质量安全专业知识，还要了解新闻传播学、社会学、心理学、管理学等多学科知识，熟悉农产品质量安全有关的法律法规，灵活掌握媒体应对技巧。一般来说，应由农产品质量安全网络舆情问题事件涉及的专家学者、突发事件处置经验丰富的官员和媒体人士等组成的舆情分析研判专家组对舆情开展深入的集体分析研判。农业农村部已组建农产品质量安全专家组和风险评估专家委员会，也成立了贯通部省地县的农产品质量安全监管、检验监测机构，应该充分发挥这些专家和管理者的作用，联合资深的媒体人士，组建一个全方位的舆情分析研判专家组，及时分析研判有关舆情。

二、网络舆情分析方法

1. 定性分析

定性分析主要是对所得舆情信息的定性判断。定性分析主要判断舆情类别（重点产品种类、发生的环节、风险因子为何）、舆情性质（正面舆情和负面舆情）、舆情来源的影响力（舆情首发媒体及转载量）、舆情内容的可信度（简单的研判是否为谣言）、舆情所反映问题的严重程度（舆情影响的地域范围、对人体伤害的严重程度）等。

首先要甄别舆情信息的真实性。真实性判断方法包括确定媒体来源的可靠性；关键词搜索有无类似新闻和消息，弄清是旧闻还是新闻；用常识判断其可信度；打电话到当地有关部门或派员到事发地了解核实调研等。一般来说，时间、地点、人物、事件及原因等新闻基本要素严重缺乏的、没有真实当事人而动不动用“知情人士”“业内人士”说话的、内容明显出现常识性错误等新闻都很可疑。比如上文提到的“打针葡萄”“注水西瓜”等爆料曾经在微博等网络媒体颇受关注，但事实证明是谣言。真实性确定后，便要对舆情信息中网民的态度、意见和观点进行分析、提炼和归纳，整理分析网民的代表性言论，对报道、转载媒体的代表性进行宏观分析，对转载媒体的数量进行统计，对舆情信息反映的问题性质、原因、危害程度及波及范围，以及时间敏感性、网民关注程度及社会关联度等作出分析研判，宏观判断舆情性质特征、媒体报道及网络言论倾向性，以及舆情类型、关注程度和舆情所处的发展阶段等。这一工作需由各监测网点的监测员实时完成，将舆情简单的分类并形成舆情日报及时上交专家进行定量研判分析。

2. 定量分析

定量分析主要是对获得的舆情信息进行数理统计分析，包括人工统计分析和计算机软件分析。主要确定同主题舆情传播量、不同媒介关注量、网民浏览量和跟帖量等量化数据变化趋势。定量分析目前常用的是 Excel 表格以及具有目标功能的专用软件平台进行统计分析。结合定性和定量分析数据，综合判定舆情周期、传播路径、影响范围、重要程度，进行舆情分级并形成言简意赅的舆情分析报告。

人工分析有赖于舆情分析工作者对舆情样本中的态度、意见和观点分布的人工统计、归纳和提炼；最省时有效的方法还是借助农产品质量安全网络舆情监测软件系统的智能分析。定量分析软件系统的功能设计要满足尽量准确统计主帖数量及地域分布、主帖点击率、同主题报道媒体权重、转载媒体量、媒体及网友评论跟帖回复总量、观点数量、观点分布、代表性言论等。农产品质量安全管理部门、生产经营者和网民的言行是舆情分析的主要对象。定时段的数量统计分析可以考察舆情走势，以及舆情走势与舆情应对之间的关系，准确跟踪舆情发展轨迹，量化判断舆情发展阶段及重要节点，从而为舆情应对提供参考。

网络舆情分析研判工作要做到全面准确，既要对舆情信息进行性质认定和价值判断，又要对其影响范围、传播情况以及不同受众的观点倾向性等进行数量上的研究，将定性分析和定量分析有机结合起来，充分认识舆情的整体轮廓和发展脉络，掌握舆情的本质特征和内在规律，为舆情应对工作提出科学准确的建议。定性分析与定量分析既有区别，又相互联系，不可截然分开。

舆情分级需根据农产品质量安全问题事件的严重程度和舆情热度综合分析，即使农产品质量安全的风险较小或者影响范围较小，但受到了媒体的广泛关注，也需要提高其舆情级别，采取相应的应对措施（廖家富，2018）。舆情具体分级见表 2. 6。

表 2.6　农产品质量安全网络舆情分级

预警级别	安全风险程度	舆情热度	应对部门
一级	(1) 涉及两个省份以上 (2) 事件危害特别严重，对消费者身体健康产生急性的、可视危害并已经造成死亡的	(1) 首发媒体为国家级，转载媒体超过 10 家 (2) 转发、评论数超过 10 万	农业农村部及涉事省份农业监管部门
二级	(1) 涉及两个市以上 (2) 对消费者身体健康产生急性的、可视危害可能或已经造成死亡的	(1) 首发媒体为国家级或地方级，转载媒体超过 8 家 (2) 转发、评论数超过 5 万	省级农业行政主管部门
三级	(1) 涉及两个县以上 (2) 对消费者身体健康产生急性的、可视危害但未造成死亡	(1) 首发媒体为地方级，转载媒体超过 5 家 (2) 转发、评论数超过 3 万	市级农业行政主管部门
四级	(1) 县域范围内 (2) 对消费者身体健康产生一定的危害	(1) 首发媒体为地方级，转载媒体超过 3 家 (2) 转发、评论数超过 1 万	县级农业行政主管部门
五级	日常风险监测中发现的风险隐患，未造成人员身体健康危害	未见报道	县级农业行政部门责令整改

三、网络舆情分析研判原则

网络舆情的分析研判要从政府工作的传播诉求和网络舆论环境建设的目标要求出发，对网络舆情进行分析和归因，找出其生成、发展、演进的内在规律，进而把握好其对整个社会的舆论影响，使之向有利于政府执政为民、构建和谐社会的正确方向发展。

在分析网络舆情的过程中，还要把握网络舆情传播和发展的持续性、反复性和互动性。

第一，网络舆情具有一定的持续性。与传统媒体不同，网络的信息承载量无限并且存储时间长。更为重要的是，在网络媒体时代，网民已经不再是单纯的信息接收者，而常常以“公民记者”的身份随时在网上发表观点、补充信息、更新报道。因此，网络事件一旦发展成为舆情，它的持续性相对更长。

第二，网络舆情的反复性强。一方面，网络的可存储性使相关信息得以完整保存，任何网民都能随时获得并处理这些信息；另一方面，网络与传统媒体的互动使得舆情的发展常常一波三折，柳暗花明。

第三，网络舆情的互动性强。这里的互动性是指网络舆情在发展过程中与传统媒体和数字移动媒体的互动。随着互联网的普及，网络媒体的地位已经从新媒体向主流媒体转变，网络的影响力逐渐渗透到传统媒体中。网民既可以将现场的信息以文字、照片或视频的方式在第一时间上传到网络；相关网络信息又可以通过手机报、手机上网的形式传递给更多的受众群体，扩大网络舆情的社会影响力。

四、网络舆情信息分析研判体系的构成

对农产品质量安全信息进行客观分析和科学研判，为应对农产品质量安全事件提供科学有效的指导性建议，是农产品质量安全信息监测管理的重要环节。作为农产品安全信息收集、分析和评估的主要环节，需要相关部门领导、

专家学者及技术人员进行科学咨询、分析、研究，对响应信息发布的时机、形式、主体、内容口径，以及正确引导的措施等提出切实可行的建议。分析研判农产品质量安全信息时要做到“及时、准确、科学、客观”。

信息分析研判体系包括指标模块和分析模型模块两部分。指标模块主要是设置农产品质量安全事件的评价项目，要求指标具有典型性和科学性，并从相关因子中选择出能超前反映农产品质量安全态势的领先指标。指标的数据提供来源于信息收集体系。分析模块有分析模型和专家评估两个部分。分析模型是理论分析方法，通过数据和限定条件进行计算，从而得出分析结果。专家评估是农产品安全预警体系具有的特殊机制。在预警分析过程中，由于理论模型存在的局限性，仅依据理论分析往往难以达到准确和及时的要求，因此，必须建立一支稳定的、具有相当实践经验的专家队伍，利用专家的实际调查研究和智慧判断，参与预警分析方案的拟定和预测结果的评估，改进和完善单纯模型极难完成的预警分析任务，可以保证农产品安全早期预警的分析质量。信息分析研判体系是一套综合的、可以最优化运用监测信息、统计数据、抽样调查资料和专家意见对农产品安全运行状态做出判断性预测的体系。

1. 组建专家团队

为给政府决策提供及时、准确的农产品质量安全信息，需组建农产品质量安全信息分析研判专家团队。专家团队应由农牧科学院、农业农村部农产品质量安全风险评估实验室、农业农村部农产品质量安全风险评估试验站、农业技术推广总站、农产品质量安全中心、兽药饲料检测、种子管理和植物保护等单位以及相关大专院校从事农产品质量安全工作的专家学者组成。

专家团队的主要职责：一是适时对农产品质量安全事件开展危险性评价，以便为国家相关法律法规以及标准的制修订提供决策依据；二是提出大众农产品和常见有害生物、微生物、疫病及其他有毒有害物质的安全评估报告；三是建立危害预测模型，严格控制有潜在危险的农药、兽药和其他化学物的使用，不断提高科学分析和检测手段，积累各种数据，研究信息分析研判新方法。

2. 分析研判程序模式

首先，利用统计学技术，将采集到的各种农产品质量安全信息（主要包括监测数据等）转变为能够揭示观察对象本质的有关指标，由专业技术人员进行定性分析，再利用数据模型进行定量分析，根据定性分析和定量分析结果撰写基础性农产品质量安全信息报告材料；然后，组织农产品质量安全信息分析研判专家对信息开展深入的分析研判，确定观察对象各指标的权重，计算出观察对象危险程度的综合分数；最后，根据预先设定的警戒线（阈值），对不同预警对象进行预测和推断，甄别出高危品种、高危地区、高危人群等。

3. 舆情信息分级

根据农产品质量安全问题事件的复杂性尤其是农产品的“信用品”特性，结合舆情监测分析研究实践，在农产品质量安全网络舆情信息分析研判时应主要依据问题事件（尤其是负面舆情）的客观属性（产生原因、影响范围和损失后果等）将推荐关注（预警）程度分为特别关注（5 星级）、高度关注（4 星级）、重点关注（3 星级）、密切关注（2 星级）和需要关注（1 星级）5 级。①特别关注指具有全国性影响并已经对消费者身体健康产生实质性危害或对产业健康发展产生严重危害，需要动用全省力量甚至需要中央政府援助才能控制的农产品质量安全舆情；②高度关注指发生在一个市（县）域内或波及两个市（县）以上，具有普遍影响并对消费者身体健康产生了一定危害或影响产业健康发展，省级有关部门力量可以控制的农产品质量安全舆情；③重点关注指发生在一个县（乡）以内或波及两个县（乡）以上，消费者关心的热点问题、暂时没有对消费者身体健康产生明显危害但已经引起社会舆论广泛关注热议的农产品质量安全舆情；④密切关注指其影响局限在乡（镇）、社区范围内，尚未成为社会关注热点但可能引起广泛关注的农产品质量安全舆情；⑤需要关注指局部性的一般性问题，但有可能继续发展成为安全隐患，需要引起相关部门关注、开展科学普及与消费指导的农产品质量安全舆情。正面舆情信息推荐关注程度可以视其影响范围、程度与上述级别相对应（李祥洲，2015）。

截至目前，农业农村部已建立起以国家农产品质量安全风险评估机构（农业农村部农产品质量标准研究中心）为龙头，农业农村部各专业性和区域性农产品质量安全风险评估实验室为主体、各主产区农产品质量安全风险评估实验站为基础、农产品生产基地质量安全风险评估国家观测点为延伸的风险评估体系。下一步，将在更多的农产品生产基地、生产企业、农民专业合作社和种养大户，布局设置一些定位动态观测点，从农产品生产全过程、全流程、全环节掌握农产品质量安全的变化情况，做到有的放矢，提前预警，重点监管。

五、网络舆情信息的分析研判

1. 发展阶段分析研判

一般来说，社会公共事件舆情的发生发展通常遵循一个特定的生命周期或演化路径。准确研判网络舆情发展的周期，可以为有关方面采取相应的应对措施提供依据。人民网舆情监测室研究认为，一般社会热点网络舆情事件基本可以分为舆情发生期、舆情发酵期、舆情发展期、舆情高涨期、舆情回落期和舆情反馈期 6 个阶段。

我们的研究证明，重大农产品质量安全网络舆情的发生发展也基本上经历这几个阶段。舆情发生期表现为问题事件原创主帖见诸网络媒体后，网民开始有零星的反应，在有知情网民提供更多的真相材料、图片佐证之后，更多的网民、网站转帖转发、评论、跟帖讨论，逐渐成为舆情热点，是舆情研判最重要的考察环节之一。随后一些传统媒体甚至国家级媒体网站出现有关报道，与网络媒体形成呼应，从而使舆情发展到发酵期。舆情发生期和舆情发酵期相隔时间有时候非常短暂，网络媒体爆料常常不到 3h 就出现在当天的早报、晚报上。此时有关方面舆情响应过慢或失当，负面舆情就会聚合成负面舆论，猜测、质疑、谣言四起，大量网民围观、拍砖、灌水，事态进一步扩大。舆情发展期则是在官方相关部门出手后，如果应对得当，负面情绪虽未完全控制但逐渐走稳，传统媒体出现调查求证报道、科普及消费指导和评论员文章，舆情提前走向回落期。如果应对失当，有关方面不能及时调查处置、问责，不及时发布有关信息，应对出现不同口径甚或失言等，矛盾再度激化，一些别有用心的人也乘机兴风作浪，舆情出现强劲反弹，舆情进入高涨期。在舆情高涨期，惊动了高层领导，“跨级”响应出台。在高层的介入下，投入实质性重大应对方案，舆情出现拐点，逐渐进入回落期。随着行政问责、司法介入和善后赔偿工作的开展，媒体报道和围观网友逐渐散去，有关方面开始总结经验教训，消除负面影响，舆情进入反馈期。舆情反馈期要注意问题事件的处置结果或当事人的不当言论或有网民新爆料导致的舆情复燃。我们在分析研判农产品质量安全网络舆情时应该准确判断舆情发展的周期，尽可能把舆情化解在舆情发酵初期，防患于未然。

2. 舆情影响程度的分析研判

参考《中华人民共和国突发事件应对法》，将舆情按照影响程度分为特别重大舆情、重大舆情、较大舆情和一般舆情。在确定舆情影响程度时，应特别考虑是否首次发生；首次发生的舆情，公众关注度高、影响大；如果多次发生，公众的关注度和影响程度会降低。

特别重大舆情：指影响范围大，公众关注度高、可能会对消费者的健康产生重大影响或造成重大经济损失的舆情，一般需要国家相关部门出面组织应对。例如，（海南）毒豇豆、（山东）毒生姜、瘦肉精等舆情。

重大舆情：指影响范围大，公众关注度高、可能会对消费者的健康产生一定影响或造成较大经济损失的舆情，一般需要省级以上的相关监管部门出面应对。例如，北京草莓、四川广元蛆虫柑橘、“塑料”紫菜和粉丝等舆情。

较大舆情：指影响范围较大，公众比较关注、可能造成一定经济损失的舆情。例如，×××农（兽）药残留超标、膨大剂×××、“避孕药”（无籽）葡萄和西瓜、“避孕药”黄瓜等发生频率较高的舆情，如果影响范围较大，归为较大舆情；此外，“胶水”肉等舆情，首次出现、公众比较关注，归为较大舆情。

一般舆情：指影响范围不大，一般不会成为公众关注热点的舆情。例如，染色花椒、“美白”（柠檬酸）莲藕、漂白（硫黄）生姜、漂白（硫黄）蘑菇和笋干、重金属超标茶叶和蘑菇、“激素”大闸蟹和黄鳝，以及××农（兽）药残留超标、膨大剂×××、“避孕药”（无籽）葡萄和西瓜、“避孕药”黄瓜等舆情，出现频率较高，作为个案出现、影响范围不大的，归为一般舆情。

3. 应对模式和策略的研判

根据分析研判确定的舆情性质、发展阶段和趋势、影响程度，确定相应的应对模式和策略。本次研究将舆情的应对模式概括为紧急应对模式、科普解读模式、个案处置模式和预防模式。此外，应对的具体策略也很重要，如：立即介入，还是先监控舆情的走势、必要时再介入；谁出面应对（政府部门、还是专业机构及其专家学者），应对形式（新闻发布会、座谈会、还是现场会，文字报道、还是媒体视频，是电视、报刊、还是网络），内容口径等。

一般情况下，在分析研判阶段就应该确定舆情的应对模式及策略（时机、主体、形式、内容口径等）；这样可以更好地保证应对效果，避免应对过程中出现失误和慌乱。

紧急应对模式。对于特别重大舆情、重大舆情，以及部分较大舆情，相关政府部门应第一时间出来发声，表明态度并组织应对。以下舆情适用于紧急应对模式，相关部门的应对有的合适、有的不合适：（海南）毒豇豆事件中农业农村部下发紧急通知，双汇瘦肉精事件中农业农村部和河南省相关部门的应对，以及“塑料”紫菜和“塑料”粉丝相关方面的应对，是合适的；（湖南）镉大米事件中湖南省相关部门没有反应、北京草莓事件中相关部门的反应迟钝，是不合适的。

科普解读模式。对于“胶水”肉、“注水”或“注胶”螃蟹、打针西瓜（注射甜味剂）、“致癌”香蕉等公众比较容易理解的舆情，直接进行简单的科普解读就可以让公众弄清真相，平息舆情。例如，“胶水”肉事件中，国家食品安全风险评估中心钟凯博士的解读，起到了很好的作用。

对于问题比较复杂或比较敏感的舆情，如“毒”豆芽、辉山乳业“硫氰酸钠门”等科学缺陷类舆情，“避孕药”黄瓜等公众困惑较多的认知类舆情，要进行认真的科学研究或风险评估，在数据和资料扎实的基础上得出科学的结论，然后再进行科普解读，效果会比较好。例如：备受争议的“毒豆芽”事件。浙江省农业科学院农产品质量标准研究所、农业农村部农产品质量安全风险评估实验室（杭州），对“毒豆芽”生产过程中添加的6-苄基腺嘌呤（6-BA）进行了风险评估，认为豆芽中6-BA的膳食暴露风险非常低，未达到健康关注水平；美国和香港特别行政区将6-BA列为豁免制定残留限量的农药，日本等其他国家各有取舍。研究认为6-BA在豆芽生产中具有技术必要性（提高豆芽的产量和品质）和高安全性，建议允许使用，同时制定了使用规范和残留限量要求，建议其残留限量（maximum residue limit，MRL）值可设为0.2mg/kg。在中国科普研究所主办的科技论文成果推介沙龙上（北京，2016年9月7日），进行了科普讲座。人民日报、新华社、科技日报、中国科学报、健康时报、北京晚报、北京科技报、光明网、腾讯科学、新浪科技、彭湃新闻、健康与营养、中国食物与营养等媒体单位记者出席活动。腾讯视频直播，腾讯网、新浪科技网、光明网、科学网、中国科技网、科学媒介中心、健康时报客户端等媒体报道，多家媒体转载。

科普解读是舆情应对的一种重要模式，可以单独使用，也可以与其他模式配合使用，某些采用紧急应对模式、个案处置模式和预防模式处置的舆情也可能需要科普解读来配合。对于“胶水肉”“注水”或“注胶”螃蟹等舆情，单独使用科普解读模式即可；对于“塑料”紫菜和“塑料”粉丝、北京草莓等事件，除了采用紧急应对模式外，还要进行科普解读进行配合，才会取得较好的效果（于国光，2018）。

个案处置模式：对于染色花椒、“美白”（柠檬酸）莲藕、漂白（硫黄）生姜、漂白（硫黄）蘑菇和笋干、重金属超标茶叶和蘑菇、“激素”大闸蟹和黄鳝等一般舆情，当地相关部门按照相关的法律法规进行处置（如：罚款，进行无害化销毁；构成犯罪的，依法追究刑事责任等），并通报相关信息即可；

对于此类舆情应加强监控，如果发现舆情有进一步发酵的迹象，需要及时采取进一步的应对措施。

预防模式：对于一些经常出现或反复出现的舆情，可以采用预防模式，减少舆情的发生。如草莓、杨梅等敏感农产品上市前，采用专家解读或进基地、进社区等科普方式，让公众了解农产品的生产过程，解决公众的疑惑，让舆情没有萌发的温床。

目前，农产品质量安全舆情大部分集中在“农（兽）药残留”“植物调节剂”等方面，在于公众对“农（兽）药残留”“植物调节剂”的不了解和过度恐慌。对于这方面的舆情，建议平时要加强科普宣传，让公众了解农药和植物调节剂在保障农业生产方面的重要性，让公众了解目前使用的农药和植物调节剂毒性大大降低、规范使用农药和植物调节剂是安全的，在规定范围的农药和植物调节剂残留是允许的和安全的；让公众了解“农药残留”“植物调节剂”的风险在于生产者的滥用，应严厉打击。通过科普宣传，降低公众对“农药残留”“植物调节剂”的过度恐慌，减少农产品质量安全舆情的发生（李祥洲，2018）。

六、网络舆情应对制度和条件保障

农产品质量安全网络舆情的分析研判工作，和舆情信息监测一样，除了有相对稳定的分析研判专家组织之外，还需要有相应的制度和条件支持。为了保证农产品质量安全网络舆情分析研判工作的正常化、科学化，首先，要抓好制度建设。应建立健全日常性的舆情信息分析研判工作联席会制度、重大舆情专题分析会商制度、舆情信息分析研判工作情况反馈制度、人员培训制度、考核奖励资助制度等，为农产品质量安全网络舆情分析研判工作提供制度保障。其次，要抓好组织建设。要有明确的农产品质量安全网络舆情信息主管部门，明确职责分工，落实领导责任，加强组织协调和指导管理，确保舆情分析研判工作的稳定开展和长效运作。此外，不管是定性分析还是定量分析，性能优越的计算机及分析软件系统、高速畅通的网络系统及日常办公用电话、传真、复印等设备耗材必不可少；分析会商、舆情调研、业务培训、奖励扶持等也需要必要的财力和物力投入。必要的财政支持是做好农产品质量安全网络舆情信息分析研判工作的物质保障。

七、产地农产品质量安全舆情信息报送机制

在完成网络舆情的搜集和分析之后，就要形成相应的舆情报告，为政府的相关决策提供依据。网络舆情报告是对通过搜集和分析获得网络舆情材料的再加工和再创造。网络舆情报告内容一般应包括相关分析和态势研判两大部分，前者主要是客观、真实、准确地反映网络舆情的现象、本质和特点、阶段；后者则是根据网络舆论传播和舆情发展规律，对其做出趋势性、利害性、预警性等判断。网络舆情的报告时效和报告质量直接影响到政府的相关决策行为。

1. 信息报送内容

报送内容主要包括：①分析研判后的农产品质量安全预测预警以及监测评估信息；②农产品质量安全事故及突发事件信息，除按规定程序处置报送外，要立即向上级农业行政部门报送；③互联网等媒体信息，要明确专人负责，密切跟踪关注，一旦发现农产品质量安全事件相关报道，迅速开展处置，第一时间报送。

2. 信息报送渠道

主要包括以下 4 种报送渠道：①政府渠道。农产品质量安全检验检测机构可通过电话、传真、报送文件和平台信息系统等形式，或者其他有效途径，向农业行政主管部门报告信息。②新闻媒体。管理部门可从新闻媒体的报道中获取有关农产品质量安全警情信息。对其中所反映的重要情况及时核实，并视具体情况决定是否报告给上级政府。近年来多起农产品质量安全事件都是由于媒体报道而引起政府关注并最终得到处理的。③信息报告员。基层农业监管部门可以结合实际，积极探索在生产企业、合作社、农产品批发市场、村镇委员会

等基层单位建立专职或兼职信息报告员制度，建立风险隐患报告的激励机制等，以保证信息报告员在事发第一时间获得农产品质量安全警情，并将突发事件信息传递给有关部门。④公众参与。各级农业监管部门可结合实际情况，开通农产品质量安全警情举报电话、短信平台、电子邮件等，接受来自包括生产者、经营者、消费者等的有关农产品质量安全信息，并经核实后报送给有关部门。建立健全应急信息传递机制，整合各专业信息系统资源，形成统一、高效的应急决策指挥网络，统一接报，分类分级处置。

3. 信息报送原则

农产品质量安全信息报告遵循从下至上逐级原则，允许越级上报。①首先由有关单位采取控制措施，及时向所在地乡镇级人民政府和县级人民政府农业行政主管部门报告；②县（区）级农业行政主管部门接报后应立即向同级人民政府和市级农业行政主管部门报告，并及时通报同级卫生行政主管部门；③市级农业行政主管部门接报后，在采取措施的同时向同级人民政府和省级农业行政主管部门报告，并同时通报同级卫生行政主管部门；④省级农业行政主管部门接到报告后，属特重警情的要立即向农业农村部和省政府报告，并及时通报本省卫生行政主管部门。

4. 预警等级标准

综合考虑国际惯例、国内相关管理规定、农产品质量安全预警等级划分情况，以及农产品质量安全问题事件的复杂性，将农产品质量安全风险预警等级分为特重警情（Ⅳ级）、重度警情（Ⅲ级）、中度警情（Ⅱ级）、轻度警情（Ⅰ级）4个等级。

第六节　产地农产品质量安全舆情信息预警机制构建

“预警”其实质是一种特殊的预测，主要是指在需要提前预防的事件发生之前，根据过去的经验或监测数据、征兆，向相关部门发出警报，以便及时启动应急预案，尽可能减少负面影响，降低损失。“预警”既需要对风险事件相关信息、数据和资料的收集和整理工作，更需要运用逻辑推理和科学预测的方法对某些危机现象出现的约束性条件、未来发展趋势和演变规律作出科学的估计与推断，并发出确切的警示信号（张星联，2014）。

随着我国互联网的迅速发展，手机成为第一上网终端，新闻客户端和微信视频软件成为农产品质量安全舆情的重要“着火点”。鉴于网络空间舆情的现实影响力，一些学者对网络舆情预警进行了研究。吴绍忠等将网络舆情预警定义为“发现对网络舆情出现、发展和消亡具有重要影响的因素并连续不间断地动态监测、度量及采集有关信息，根据预警体系内容，运用综合分析技术，对当前网络舆情作出客观评价，分析并预测其发展趋势，及时作出等级预报的活动”。丁菊玲、张春峰等则将网络舆情危机预警归纳为“从（网络舆情）危机事件的征兆出现到危机开始造成可感知的损失这段时间内，化解和应对危机所采取的必要、有效行动”（丁菊玲，2010；张春峰，2011）。可见，网络舆情预警强调的是网络舆情事件、影响因素及其监测分析评价、预测预报等内容。综合以上观点，农产品质量安全网络舆情预警可定义为通过对某一具体的农产品质量安全问题事件网络舆情发生发展具有重要影响的诸因素进行实时监测、搜集整理并综合分析研判，预测其发展趋势，并就其对公众健康及生命安全，农产品生产、销售、消费，政府公信力，社会稳定，乃至国际贸易等方面的现实影响力作出等级预报的活动。

预警工作的最高原则是将危机消解在萌芽状态，即在形成危机的要素尚未积累到爆发的临界点之前就能够提前予以识别、及时跟踪预报、发出预警报告、提出应对方案。农产品质量安全网络舆情预警的主要服务对象是国家农产品质量安全管理工作的相关决策部门。预警的目的在于及早发现农产品质量安全网络舆情危机的苗头，及早对舆情可能产生的现实影响的走向、规模进行研判，尽早向有关管理部门提供准确的预测预报，以便有关各方及时做好应对舆情危机的准备，积极主动回应社会关切，及时消除或终止舆情所反映的农产品质量安全问题给消费者的身体健康和生命安全可能产生的影响和伤害，有效控制和应对舆情给政府监管部门的公信力及农产品生产、贸易及消费带来的负面影响，预防舆情扩大对产业发展可能造成的破坏作用（邓玉，2014）。

负责处置舆情的农产品安全管理部门、环境保护部门及农产品安全管理部门应配备互联网舆情监测系统、安排专人负责相关舆情的信息收集，以及时发现舆情，保证第一时间准备应对。产地农产品质量安全舆情信息工作者要有高度的敏锐性与细微的洞察力，要有进行宏观分析的综合认识能力与大局观。首先，针对易引发产地农产品质量安全舆情的重点产品、风险因子以及解决突发事件需要的信息要求，设定主题目标，确定产地农产品质量安全舆情信息收集任务；其次，要善于从多个网络渠道来收集网络民意，并适当进行过滤和存储；最后，对收集到的网络舆情信息进行必要的加工（谈国新，2010）。

一、产地环节农产品质量安全舆情指标体系的构建

1. 指标项的确定

从农产品种类指标、风险隐患指标、风险范围指标、风险环节指标这四个维度构建对产地环节农产品安全网络舆情的监测与预警体系的指标项。

（1）农产品种类指标

农产品主要包括种植业产品、畜牧业产品、水产品三大类，均有可能引发农产品质量安全舆情。根据近几年农产品质量安全舆情发生的情况，可以将农产品种类指标按照品种和易发程度，确定舆情监测指标，见表2.7。

表 2.7 舆情监测农产品种类指标

一级指标	二级指标	三级指标	四级指标
种植业产品	粮食及其副产品	稻谷	大米等
		薯类	土豆等
	油料及其副产品	大豆类	大豆
		花生	花生
		豆类	豇豆等
	果品	柑橘类	柑橘、橙子等
		果用瓜类	西瓜、甜瓜等
		浆果类	葡萄、猕猴桃等
		仁果类	苹果
	蔬菜及其制品	根菜类	白菜、菠菜等
		茄果类	茄子等
		葱蒜类	韭菜等
		薯芋类	生姜等
	食用菌及其制品	伞菌类	金针菇等
畜牧业产品	家畜类	牛、羊、猪等	牛、羊及其他特色奶
	家禽类	鸡、鸭等禽类	禽蛋
水产品	鱼类	海水鱼	三文鱼等
	虾类	海水虾	对虾等
	蟹类	海水蟹	河蟹等
	贝类	海水贝	扇贝等
	藻类	海水藻	紫菜等

（2）风险隐患指标

风险隐患指标主要指引发产地环节农产品质量安全舆情的风险隐患监测指标。主要包括农业投入品、环境本底、农产品自身产生等（表 2.8）。农业投入品包括农药、兽药、肥料、种子等主要生产资料。环境本底主要包括重金属和持久性有机污染物等。农产品自身产生的包括微生物、生物毒素等。

表 2.8　舆情监测风险隐患指标

一级指标	二级指标	三级指标	四级指标
农业投入品	农药	禁限用农药	
		未登记农药	
		农药使用不规范	超量使用
			未遵守用药间隔期
	兽药	禁用兽药	
		兽药使用不规范	超量使用
			未遵守休药期
	肥料	大量元素	
		微量元素（叶面喷施）	
	种子	转基因	
环境本底	重金属	工业三废排放污染	
		农业活动污染	农药
			肥料
		生活废弃物污染	
	持久性有机污染物	工业三废排放污染	
		农业活动污染	农药
			肥料
		生活废弃物污染	
生物自身产生	微生物	菌落总数	
		致病菌	
	生物毒素		

（3）风险范围指标

产地环节农产品质量安全舆情引发地区可能在农产品的经销地，追溯到生产地区的问题，或者直接发生在生产地的田间地头，其影响的范围可能涉及几个省，可能仅仅是县域的个别问题（表 2.9）。例如发生在山东省的舆情，由于山东省是农业生产大省，农产品销往全国各地，可能影响的是几个省的安全风险，也可能仅是舆情引发地的个别现象，不具代表性。

表 2.9 舆情监测风险范围指标

一级指标	二级指标	三级指标
引发源头	生产地区	跨省
		省内跨市
		市内跨县
		县内跨镇
		个别村
		个别农户
	经销地区	跨省
		省内跨市
		市内跨县
		县内跨镇
		个别村
		个别农户
引发级别	农业主产大省	农业示范县市
		一般农业县市
	非主产大省	农业示范县市
		一般农业县市

(4) 风险环节指标

引发产地环节农产品质量安全舆情的环节有 3 个（表 2.10），不同环节引发的风险隐患不同，其应对方式也有所不同，因此在监测过程中，也需要对其区别对待。

表 2.10 舆情监测风险环节指标

一级指标	二级指标	三级指标
产地环境	重金属	环境超标
		农产品超标
	持久性有机污染物	环境超标
		农产品超标

（续表）

一级指标	二级指标	三级指标
生产过程	农业投入品	农药
		兽药
		肥料
		种子
	农产品自身产生	微生物
		生物毒素
收贮运过程	“三剂”	“三剂”违规使用
		违禁化学物质添加
	微生物	菌落总数
		致病微生物

二、产地环节农产品质量安全舆情预警等级

1. 舆情等级划分

综合考虑国际惯例、国内相关管理规定、食品安全网络舆情预警等级划分情况，以及农产品质量安全问题事件的复杂性，结合我们的舆情监测分析研究实践，主要依据问题事件（负面舆情）的客观属性（产生原因、影响范围和损失后果等）及舆情传播、舆情发展、舆情控制、网民数量结构等，将农产品质量安全网络舆情预警等级分为特重舆情（Ⅰ级）、重度舆情（Ⅱ级）、中度舆情（Ⅲ级）、轻度舆情（Ⅳ级）和需要关注（Ⅴ级）5个等级。舆情等级需要监测、分析获得有关指标数据后，经过农产品质量安全网络舆情会商专家组反复交流、反馈修正，形成一致意见，最后根据专家的综合意见做出评价、预测（吴绍忠，2008）。

特重舆情（Ⅰ级）指发生在一个省（市）域内或波及两个以上省（市），国内网民关注度极高并受到境外媒体高度关注，传播速度非常快，具有全国性影响，且已对消费者身体健康产生实质性危害或对产业健康发展产生严重危

害，需要动用全省力量甚至需要中央政府援助才能控制的农产品质量安全舆情。

重度舆情（Ⅱ级）指发生在一个市（县）域内或波及两个以上市（县），网民关注度高，境外媒体开始关注，传播速度快，影响范围很大并对消费者身体健康产生了一定危害或影响产业健康发展，省级有关部门力量可以控制的农产品质量安全舆情。

中度舆情（Ⅲ级）指发生在一个县（乡）以内或波及两个以上县（乡），网民关注度较高，传播速度中等，影响局限在一定范围内，暂时没有对消费者身体健康产生明显危害，但已经引起公众热议的农产品质量安全舆情。

轻度舆情（Ⅳ级）指其影响局限在乡（镇）、社区范围内，尚未成为社会关注热点，但可能引起广泛关注的农产品质量安全舆情。需要关注（Ⅴ级）指局部性的一般性问题，网民关注度低，传播速度慢，但有可能继续发展成为安全隐患，需要引起相关部门关注、开展科学普及与消费指导的农产品质量安全舆情。

由于网络舆情传播速度极快，即使小范围的个别食品或农产品质量安全问题也备受一些重要网络媒体（包括中央媒体，如人民网、新华网等）的食品频道编辑的关注，很快将之转引转发，因而仅仅以媒体重要性来划分舆情预警等级有时候就难免出现偏差。食品及农产品质量安全网络舆情预警等级应该综合考虑影响其发生发展的因素来确定。

2. 影响农产品质量安全网络舆情预警等级划分的指标

研究发现，对农产品质量安全网络舆情影响较大又可以测度的预警等级指标包括网络舆情要素元信息（舆情议题）、舆情传播、舆情发展、舆情控制、网民数量结构等。其中，网络舆情要素元信息一般包括文章的正文、摘要、作者、发表时间、以及用户的点击浏览量、回帖数、评论数等；元信息是网络舆情研判依据，具体分析时应该根据元信息进行数据采集，得到影响舆情事件发展的重要信息，再通过对这些元信息的分析，判断事件的重要性及其影响性。

网络舆情要素元信息的基本特征值，如议题构建技巧、句子结构的组合、语言修辞的运用、有无敏感词、敏感词的多少、敏感词的敏感度大小等对网民的关注度、共鸣度及表达情绪的意愿有重要影响，是独立偶然的小范围事件还是一系列普遍问题，对网络舆情预警具有重大意义。为了吸引网民的围观，虚高点击率，一些媒体编辑或网民在曝光食品或农产品质量安全问题事件时动辄用有毒、有害、死亡、致畸、致癌等字眼吸引网民的眼球，我们在研究舆情要素元信息及判断其发展趋势时应仔细研究这些敏感词汇。网络舆情预警必须同时考察舆情传播媒体、传播方式、传播速度和传播阶段。传播媒体（或网络意见领袖）的影响力越大，网络舆情的影响面就越大。舆情要素元信息在媒体的位置非常重要，如头条、置顶、加精华（设置高亮）、专区等对舆情的快速传播及影响力的形成有显著效果。不同的网络传播方式如门户网站新闻传播、论坛社区传播、手机、博客、微博、微信及QQ和MSN群传播等，其传播速度和效果是有区别的。舆情的传播速度越快，其扩散就越迅速，围观网民数量越多，影响力就越大。此外，舆情所处的不同传播阶段的传播方式及平台数量、网民关注度、网民数量及结构有差异，跟帖、转帖、点击、评论、回复等的数量及观点的倾向性强度有不同，以及舆情出现后相关部门是否及时采取应对措施及其效果，这些因素对预警等级需要关注的程度都会有较大影响。我们应尽可能详细监测、搜集、分析，获得有关数据的原始资料。

三、产地农产品质量安全舆情预警体系

产地农产品质量安全舆情预警体系主要包括网络舆情的监测采集、舆情信息的筛选甄别、舆情形势的综合研判、分析结果的及时报送以及预警方案的有效实施。

1. 舆情的监测采集

农产品安全管理、环境保护等相关部门应安排专人负责相关舆情的信息收集，以及时发现舆情，保证第一时间准备应对。负责处置舆情的机构或部门应

配备互联网舆情监测系统。产地农产品质量安全舆情信息工作者要有高度的敏锐性与细微的洞察力，要有进行宏观分析的综合认识能力与大局观。

首先，针对易引发产地农产品质量安全舆情的重点产品、风险因子以及解决突发事件需要的信息要求，设定主题目标，确定产地农产品质量安全舆情信息收集任务；其次，要善于从多个网络渠道来收集网络民意，并适当进行过滤和存储；最后，对收集到的网络舆情信息进行必要的加工。

同时，要进行必要的资料准备。主要包括：①舆情的来源、关注的重点、发展趋势；②舆情所包含的观点、论据及其来源、内在逻辑等；③未来进行处置所需要环境背景情况、污染源分布情况、气候、水文、气象条件等资料；④权威专家的咨询意见；⑤必要时进行现场调研及采样检测。

2. 舆情的筛选甄别

在掌握舆情相关资料的基础上进行真伪评判，判断舆情出现问题的可能性，评估其影响，确定是否需要做出回应及回应的时间。网上信息海量，形式表现多样，哪些信息具有舆情价值，哪些只能做一般处理，都需要认真对待。

舆情信息一般分为两类：一类是捕风捉影、主观臆断或论据错误，一看就知道是谣言的舆情，这一类通常可以不攻自破或者通过简单的科学道理即可解释；另一类是有一定科学道理的舆情，这一类舆情是需要重点应对的部分。具有一定科学依据的舆情又可以分为两类：一类为部分内容失实，蓄意夸大，需要认真分析、调研、检验的部分；另一类为农产品质量安全问题确实存在的部分，需要进行调研、分析并整改。针对部分内容失实的舆情，需进行进一步的分析，从观点、论据和内在逻辑 3 个方面判断其哪个部分失实，并针对该失实的部分进行应对。

3. 舆情形势的综合研判

发现舆情后，应迅速确定舆情的影响大小及其范围；尽量减小影响区域，降低舆情影响。根据指标体系对舆情的形势进行综合研判。包括舆情的来源及首发媒体的关注重点；涉及的媒体种类（网络、电视、报纸、广播）；媒体报道的方式和态度（是否客观公正）；转载数量，网络点击量；公众的整体态度等。

产地环节农产品质量安全舆情涉及的环节多、风险因子多，需要多领域的专家协商综合判断得出可靠的结论，如种植业领域、农产品质量安全领域、农产品加工领域等。

4. 舆情分析结果的及时报送

农产品质量安全舆情具有突发性，发展也比较迅速，这就要求一旦有了分析结果就应当要及时报送负责网络舆情的有关部门。在网络舆情信息的报送中做到快、准、深。“快”就是反应舆情事件动态性的网络舆情信息要及时；“准”就是反映的舆情事件要客观真实，准确可靠，必须说真话，述实情；“深”就是针对舆情事件的观点要有深度，具有代表性和指导意义，能深入一个问题的内部，进行透彻的分析，拿出自己的见解，立意深刻。

5. 舆情预警方案的有效实施

在农产品质量安全舆情预警机制发出警报后，舆情预警预案是否能够及时有效实施，决定了对舆情的应对成败。在充分收集有关舆情事件的网络舆情信息、科学分析研判、及时报送分析结果之后，网络舆情监管部门应当及时实施预警方案。对不良的网络舆情进行纠正和控制，引导网络舆情朝着有利于顺利解决的方向发展，最大限度发挥积极正确的网络舆情对解决农产品质量安全事件的促进作用。

四、舆情预警组织管理体系

建立健全组织管理体系是进行农产品质量安全网络舆情预警的现实基础和组织保证。舆情预警组织体系包括纵向的组织管理、横向的协同配合以及社会公众的沟通反馈体系。纵向管理体系是由各级农产品质量安全管理部门构成的工作网点。要充分调动各级各部门的主动性和积极性，使预警工作深入到农产品生产、加工、贮存、运输、销售及消费的各个环节。舆情预警组织体系构建的基本要求是覆盖广泛、协调有力。经过近几年的努力推动，目前，除部分省、地、县基本建立健全农产品质量安全监管工作机构之外，全国94%以上的涉农乡镇建立了农产品质量安全监管服务机构，这也是农产品质量安全舆情预警工作基本的组织保障。横向的协调体系包括农产品质量安全问题可能涉及的食品药品监管、食安办、卫生、工商、宣传、公安、新闻办等单位共同构成的一个横向协同配合体系，这对舆情的监测、判断、处置分工负责、协调和监督是十分重要的。而由政府、社会中介组织、专业机构和社会公众等共同组成的线上线下社会公众的沟通反馈体系，对搜集分析研判舆情、沟通和反映民意、预警应对舆情、及时回应社会关切也有重要作用。

五、舆情预警制度体系

预警制度体系是指围绕舆情信息监测、搜集、分析、研判及预警等工作而建立完善的一系列规章制度和要求，是确保舆情信息全面、准确、客观的制度保障，也是开展农产品质量安全舆情预警的法律法规授权及行为准则。预警制度体系包括制定完善的农产品质量安全舆情信息监测制度、舆情报告制度、舆情信息需求通报制度、舆情分析会商联席会议制度、重大舆情专题分析会商制度、舆情信息工作情况反馈制度、舆情预警应急制度、舆情信息管理制度、人员培训制度、考核奖励资助制度等。

六、舆情预警的工作重点

农产品质量安全舆情预警的主要环节可以简单概括为：舆情的监测搜集→舆情的识别评价→舆情的警报应急。农产品质量安全舆情信息的监测、搜集、汇总、分析、研判（识别评价）、筛选等工作需要尽力做到“及时、科学、真实、客观”，才能为舆情预警提供翔实的数据基础和行动建议；农产品质量安全舆情的识别评价，即根据汇集的舆情数据分析其后果的危害性，判断突发事件发生的可能性；舆情的警报应急是对舆情识别评价结果进行再判断，决定是否发出突发事件警报并提供相应预控对策。

日常工作中，农产品质量安全舆情预警需要抓好预警方案的制定和及时的信息沟通交流等工作。针对农产品质量安全不同性质问题舆情，制定比较详尽的判断标准和预警方案，当舆情达到某个级别预警指标之后，立即启动相应预案，实施应对措施。在体系建设方面，构建上下贯通且严密的舆情预警应急必需的监测分析体系、机构组织体系、制度体系及工作流程体系，做到农产品质量安全舆情预警工作有机构、有人员、有制度、有设备、有经费，确保“有机构履职、有人员负责、有能力干事”，推动预警及应急处置工作的有力、有序、有效、有度开展。实时监测、搜集舆情发展的最新情况，准确研判舆情走势及发展阶段。同时，应建立信息沟通机制，与舆情涉及的相关管理部门保持密切的交流、沟通，及时修改、调整和完善预案，以适应舆论形势的发展变化。

第三章　产地农产品质量安全网络舆情应对

第一节　网络舆情应对主体

网络舆情应对的主体包括管理阶级、专业的机构以及专家和消费者社会各界的团体等，需要提高各界的交流和沟通，全面发挥社会各级作用。一是政府各级部门对舆情的应对。政府部门在进行管理时要占据主导地位，然后一起应对，尤其是在交涉过程中，需要更好地进行组织作用。二是专业的机构和专业学者在舆情的应对上，具有科研和官方的权威性、专业性，这是其他职位都无法代替的。专业的机构和专业学者都是在某个领域有着一定成就的，能够运用数据说话，以实际的数据来分析问题，具有较高的权威性。专业的机构可以有效地集中智慧，首先是筛选出错误的观点，最后给出一个科学正确的结论。目前，生产者属于分散销售和经营，应对舆情的能力和意识薄弱，绝大多数都是由政府来帮助生产者进行舆情的应对，由生产者为生产的现状和保证农产品质量安全做出不懈的努力，可以让消费者全面了解农药和兽药的使用情况。

一般以关注程度来划分产地舆情的高敏主体。首先，消费者是农产品的主要利益攸关方，对农产品的质量安全最为关注；其次，生产者作为舆情经济利益的直接关系者，最关心舆情走向及波及范围；再次，政府监管部门对所辖地区的农产品质量安全的情况反映其监管和执政能力，也密切关注；最后，媒体作为监督方，农产品质量安全是其关注的一个重点。

消费者：消费者是农产品质量安全事件的受害者，也是舆情应对的主要对象，创造条件让他们主动参与舆情应对、而不是被动地接受相关信息，可以大大提高舆情应对效果。一方面，让公众参与舆情应对，可以更好地了解和掌握他们的关注点和认知情况，以便有针对性地开展舆情应对；另一方面，通过公众参与舆情应对，可以让公众更好地关注和接受正确的信息，有利于平息舆情。习近平总书记指出“政府联系群众一个办法需要迈开双腿下基层，另一个办法就是上网，把共产党‘群众路线’这个‘传家宝’运用于虚拟世界”。

此外，在农产品质量安全舆情事件及应对中，公众最不满意的是信息的公开性差和透明度低，导致了公众的信任度下降，无论政府和专家讲什么公众都不相信，这是舆情应对效果不理想的主要原因。公众参与舆情应对，让公众明白政府在做什么，了解专业机构和专家学者的观点、结论及其科学依据，有利于提高农产品质量安全认知水平，从而提高舆情的应对效果。

生产者：在我国，生产者分散经营、组织化程度低，参与舆情应对的意识和能力不足，在一定程度上由政府代替生产者进行舆情应对。今后，政府应组织和引导生产者参与舆情应对，如让生产者宣传农产品生产的现状及其为保障农产品质量安全采取的措施和所做的努力，还可以采取现场会等更加直观的形式，让消费者了解农药的使用、实施标准化生产的情况等。此外，农产品质量安全问题最终还需要生产者解决，生产者要提高安全生产意识和技能，按照要求生产出安全的农产品。

政府管理部门：政府管理部门在风险管理中的主导地位是毋庸置疑的，但是在舆情应对、特别是风险交流中，应发挥好组织作用、弱化主导地位，搭建相关方面之间沟通和交流的平台，组织相关方面进行舆情应对，“变登台唱戏为搭台唱戏”。

媒体：重视媒体在舆情应对中的作用。一些媒体对农产品质量安全事件不准确、夸大或不实的报道，是农产品质量安全舆情发生、发酵的主要原因之一。媒体在很大程度上决定了舆情的走向，特别是传统主流媒体，其权威性和可信度在舆情传播及应对中的作用不容忽视，如果传统媒体和网络媒体互动炒作，就会大大推动舆情的发展和高涨；如果传统媒体进行全面、客观的报道，就会引导舆情的良性发展。

要加强与网络媒体平台合作，将其发展成为传统媒体之外的联动体系，利用其本身优势，与传统媒体并行，真正做到将准确的舆情信息公布出去，正确引导舆论方向，将对网络舆情的应对起到积极作用。要充分利用媒体的宣传平台、加强科普宣传，澄清不实传言、谣言，把事件真相和正确的农产品质量安全知识传递给公众。

其他社会团体：此外，还应加强对非政府组织的规范和扶持，发挥其在舆情风险交流中的作用。如在风险交流方面有许多值得褒奖的举措，以云无心为代表的一批食品安全科普工作者也具备很强的风险交流意识和能力；要增加对他们的扶持，充分发挥他们的作用，培育“意见领袖”和“科学网红”。还有一些民间科普组织在利益驱动下，发布不实信息或夸大宣传，给企业、行业、消费者和政府部门带来很大冲击，它们的运作亟待规范。

第二节　网络舆情处置

网络舆情处置是指针对网络事件引发的舆论危机，利用舆情监测手段，分析舆情发展态势，加强与网络的沟通，以面对面的方式和媒体的语言风格，确保新闻和信息的权威性和一致性，最大限度地压缩小道消息、虚假信息，变被动为主动，先入为主，确保更准、更快、更好地引导舆情的一种危机处理方式。针对日益高涨的农产品质量安全舆情，国家和各地也把舆情应对作为一项重要工作纳入议事日程，出台了一系列关于质量安全舆情应对的政策，初步搭建起了农产品质量安全网络舆情应对的制度框架。2011 年，《国务院食安办食品安全舆情处置指导意见（试行）》，要求各地区、各有关部门建立食品安全舆情监测制度，主动、密切监测舆情。《国家食品安全监管体系“十二五”规划》进一步强调，加强应急管理能力，密切监测食品安全舆情，迅速组织核查问题线索，及时稳妥发布信息回应社会关切。农业农村部出台了《关于进一步加强农产品质量安全监管工作的意见》，对农产品质量安全舆情应对作出了具体安排，提出抓紧建立农产品质量安全舆情监测与预警信息平台，健全农产品质量安全信息定期调度、分析和综合研判制度，高度重视舆论监督的作用，密切关注公共媒体和公众对农产品质量安全问题的关切，依托执法监管体系和专家队伍及时核查舆情反映的问题。2017 年 1 月，农业农村部在《关于进一步加强农业新闻舆论工作的意见》中指出要着力在创新机制、增强能力、加强宣传等 3 个方面下功夫：一是建立新闻发布、政策解读和回应关切的联动机制；二是提高新媒体运用能力；三是提高宣传引导水平。

一、网络舆情处置五原则

网络舆情与传统的舆情相比，具有其特殊性及复杂性。从涉及的内容来看，具有广泛性、丰富性、非理性、偏差性及负面性等特点；从发展的时间进程来看，网络舆情具有突发性、直接性、互动性和即时性等特点；从舆情的形态与形式来看，具有隐匿性、情绪性、渗透性和难控性等特点；从舆情的主体来看，具有从众性、随意性和无限性等特点。

1. 宜疏不宜堵，保证信息的公开透明化

突发的热点事件尤其是负面事件，必然会引起网络舆论的广泛关注。此时形成的网络舆情会包含着各种网民声音，其中不乏偏激的不理性声音，甚至有时候这种声音是占主流的。在处理此事件时应该用事实说话，公开信息真相，设置议题议程，疏导舆论，而不是搞封堵杂音、堵塞舆论通道，这样更多的时候只会适得其反，因为只有事实才是引导舆论的根本。

2. 宜解不宜避，主动承担应有的责任

舆情危机的爆发，大多数时候是因为对突发事件问责处置采取回避、不积极解答的态度导致，而问责又是事件的舆论焦点。因此在舆情应对时要主动解答公众疑问，不能回避，更不能回绝。

3. 宜全不宜偏，要体现意见的辩证性

突发事件引发网络舆情危机，其背后必定有各种意见的存在，不同观点意见在冲突过程中形成舆论主调。在处置危机时，应该辩证设置议题，突出主流认识，辩证引导受众的认识，使受众言论不盲从，不为一时的情绪宣泄左右。

4. 宜软不宜硬，充当认识的启发角色

在危机处置过程中，当事方态度要温和，要充当意见领袖的作用，对错误的认识循序引导，而不宜采取简单粗暴的说教或批判方式，强制人们接受自己的观点意见。

5. 宜缓不宜急，讲求效果的有序渐进

在处置网络舆情危机时，不宜想一蹴而就地平息事端，而应该根据舆情的发展规律，制定阶段性的处置策略，一步步引导舆论的发展方向，使舆论朝着有利于事件处置的正确方向发展。

二、网络舆情的处置应对措施

1. 舆情产生前

注重构建网络舆情监测预警机制。首先，需要构建常态化的网络舆情监测系统，形成多角度、不间断的网络舆情信息采集和报告模式。时刻注意网络动态变化，结合相关技术进展，对网络信息的监测采集不能只集中于文本信息，视频、音频和图片包含的信息等也应引起足够的重视。如何有效识别各类信息源中所包含的信息，还需要技术支持。应建立相应的重点监察区域、重点监察对象、重点监察时间等，形成有的放矢的巡查，争取资源利用最大化。同时对于可能造成网络舆情危机的事件，如政策发布、重要活动、重大案件等，提前进行风险评估，做出风险预案，对于后续可能出现的网络舆情，预设处理方案。其次，对于网络舆情预警机制，应当进行分级管理，按照可能出现的网络舆情的类型、信息来源、影响程度、预计持续时间等划分出不同等级，同时对获取信息进行相应的研判工作，指导科学分级，做出相应预警，为后续可能执行的处置操作提供及时准确的信息。

2. 舆情发生时

注重构建网络舆情处置机制。一是信息采集分析机制。对于网络上舆情信息要迅速全面的采集，分析提炼出当前舆论主要爆发点和未来发展势头，针对公众此时最关心的焦点问题公开信息，充分把握时效，抓住时机，准确全面地回应公众的关心。二是决策实施机制。在针对网络舆情进行相应的回应和信息公开时，同步进行事件处理，紧抓舆情事件处置的最佳时期，形成统一指挥，各部门协同配合的处理方案，高效果断处理事件。三是引导管控机制。健全引导机制就要合理开放舆情表达渠道，而不能一味采取删帖、封号、禁止等措施，“堵”只会让情况加剧恶化，给公众渠道以表达，多方位、多平台的发布舆情处置进展信息，引导舆情走势，以诚信积极的态度管控引导网络舆情。

3. 舆情消退后

注重构建网络舆情善后机制。一是整理分析舆情事件整个处置过程的相关信息，分析归纳经验和不足，进一步强化网络舆情处理能力。构建专业舆情应对队伍，在往后的工作中发挥更好的作用。二是对外总结通报此次舆情相关情况，使得公众能够得到满意的结果，预防二次舆情危机的爆发，使网络舆情事件得到真正妥善的处理。

三、网络舆情处置策略

1. 政府要增强主动意识，加强舆情管理

及时、准确地获取信息是保证农产品质量安全突发事件快速、高效、稳妥处置的重要依托。政府要时刻保持危机意识，整合媒体资源、社会舆论资源及农业生产部门资源等，较早发现正在萌芽的网络舆情并进行信息的及时公开，才能够了解公众真实的态度和想法，真正服务于大众。进一步加强政务媒体建设，提高公众对政府的信心，在网络舆情应对过程中，发挥政府权威地位，传递政府积极态度。政府还要加强“双微”（微信、微博）政务建设，利用“双微”平台及时发布焦点信息，引导舆论方向，对于公众关心的问题信息主动发布，防止网络舆情的产生。对于已经具有一定影响力的非政府自媒体公众，应当尊重其社会地位，积极与其展开合作，统一信息发布，通过自媒体本身拥有的号召力和影响力，引导舆论正向走势。鼓励自媒体公众参与到具有正能量价值观的网络舆情治理中。

2. 规范媒体环境，引导正确舆论方向

由于网络媒体的快速发展，农产品质量安全的网络舆论呈现出快捷性、开放性和互动性的特征，农产品质量安全问题事件的发生，免不了会出现一些负面情绪和负面影响，因此要把握好网络舆情的传播规律和特点，建立健全网络媒体的准入机制，加强网络平台信息发布的监管力度，建立完善的责任制，为网络舆情应对创造成熟的背景环境。“意见领袖”在网络舆情的传播中扮演着重要的角色，他们有时是信息的来源和舆情的源头，通常对舆情的发展起着推动作用，并且能够改变舆论导向。要重视“意见领袖”的作用，在网络舆情爆发的过程中，也要积极与意见领袖沟通，共同配合协作，及时引导舆情方向，控制舆情态势。

3. 建立风险监管和监控平台，及时掌握消息来源

“互联网+”及大数据时代的到来，农产品质量安全的信息绝大部分来源于网络媒体或者传统媒体的宣传报道，由于农产品生产环节多、链条长，很多生产者和经营者没有拥有统一规定的信息平台来关注最新农产品政策信息或者农产品风险信息，以至于生产经营者与消费者之间的自由互动的信息渠道堵塞（何龙，2018）。因此，建立农产品质量安全问题的风险监管信息交流平台能够提供极大的便利性，通过这个平台，政府部门能够及时发布权威声音，让农产品的生产经营者及时了解政策性信息，从而充分发挥社会大众的力量，强化农产品质量安全监管工作。

4. 引入“互联网+”技术，为提升农产质量安全提供科学支撑

以“互联网+”为代表的现代信息技术为保障我国农产品质量安全提供了

一种新的方法，将物联网和大数据等现代信息技术应用于农业生产，推行农产品的标准化生产和全程控制，推动农产品质量安全体系的建设，构建农产品质量安全监测监管、预警系统和质量追溯信息系统，为农产品的质量安全保驾护航，也让农产品质量安全的应急管理工作上升到一个新的台阶。

5. 重视农产品质量安全舆情应急管理预警体系建设

农产品质量安全舆情事件一旦发生，不管应急管理工作做得多完美，其事件造成的损害和损失是无可避免的，提前做好突发事件的风险评估和风险监测，是农产品质量安全应急管理体系建设的重要内容，建立健全农产品质量安全的舆情监测制度和风险预估机制，开通各种举报投诉渠道，将农产品质量安全事故的隐患扼杀在摇篮里。成立专门的风险预警专家小组，将质量安全问题的风险进行数据分析、科学鉴别，形成舆情预警数据报告，得出可能发生的农产品质量安全事件的类型和程度，并运用大数据技术，寻求事件可能会衍生的发展轨迹和趋势，再通过监管的信息平台发布预警信息，启动应急预案，有效规避农产品质量安全突发事件可能造成的损失，并将舆情危机降到最小。

6. 重视农产品质量安全知识的科普工作

舆情发生之后，应通过适当的方式开展关于舆情关注重点的科普工作。科普工作做得好，公众对舆情的观点能够客观看待，不盲目亲信，有助于舆情的快速消失。科普的形式主要包括：①科普读物。包括科普文章、科普读本、宣传手册、宣传单、宣传栏、宣传展板、挂图、平面展览、图片等科普形式。主要面向的科普人群为与农业相关的生产者、管理者、监督者、消费者等，使科普刊物能够承担农业科学技术和知识的传播功能，推动科学技术走向大众，使公众理解科学，提高劳动者素质。②科普网站。包括新闻媒体、网站、微博等自媒体、手机报等。主要面向的科普人群为关心农产品质量安全的普通大众。网站科普具有快速性、普适性，普及群众对农业科学知识的了解，提高群众针对农业领域舆论的基本判断力。③媒体采访。报纸、杂志、电视、广播。主要面向的科普人群为一般科技工作参与者、城镇居民、农民群众、离退休人员。

媒体采访具有一定的权威性，可以提高普及群众对于农业相关领域知识的认知度和认可度。④青少年科普教育活动。包括参观、实践操作、电影制作、幻灯投影等。面向的主要是青少年、学生，寓教于乐，通过个人深刻的亲身体验，科学普及农产品质量安全知识等。

四、网络舆情处置存在的问题

1. 法律法规体系不健全

2008 年开始施行的《政府信息公开条例》指出，要通过及时有效的信息公开来防止不良网络舆情的传播，维护社会稳定。2016 年国务院发布《国务院办公厅关于在政务公开工作中进一步做好政务舆情回应的通知》中明确说明，要把握需重点回应的政务舆情标准，提高政务舆情回应实效，加强督促检查和业务培训，建立政务舆情回应激励约束机制等。2017 年新修订的《互联网新闻信息服务管理规定》也明确规定新闻许可服务形式范围，突出了新媒体环境为网络舆情带来的不可忽视的影响。2018 年 2 月出台的《微博客信息服务管理规定》第五条规定：微博客服务提供者应坚持正确舆论导向。

但在目前生效的法律法规中还比较少见专门针对网络舆情的相关条款，网络舆情相关行为规范相对不明确。且现有的法律法规对网络舆情相关行为的约束强度较低，界定较为模糊。且不同部门实施的条例规定之间也存在范围重合或管理不统一，使得法规与法规之间存在管理盲区或者交叉管理等问题。这就显示出网络舆情管理方面还未形成相对完善的法律体系（胡雨薇，2018）。

2. 网络环境发展不成熟

当前网络环境复杂，网络平台为了所谓的热度和经济利益，不惜发布虚假消息，在网络中引导错误的舆情导向，传递不正观念，没有兼顾到管理网。而网民只关心“有爆点”的消息，一旦网络舆情爆发，就会有数以万计的网民蜂拥而上“看热闹”，一旦事件触及本身利益相关，又会迅速加入舆论，发表看法，表明态度。在这种条件下，加大了对网络舆情的处置和管理的难度。

3. 网络舆情应对技术还存在问题

即时信息分析还存在技术上的不足，面对海量数据还不能快速有效地处理信息，发掘舆情相关信息；对于文本以外的信息载体上搭载的信息的提取分析技术，目前还存在继续提升的空间。网络舆情的应对速度不高，需要技术革新。

一般情况下，舆情是越早处理越好，尤其是针对一些特大或者重大的舆情，需要我国相关部门在第一时间内进行声明，要坚定地表明立场，公布正确客观的信息和结论；在传统的新闻媒体进行调查之前给出一个合理公正的解释。如果舆情在初期没有得到合理的控制和解决，或者在态度上没有满足网络公民的需求，可能会激起更大的舆情，如河南的“瘦肉精”事件。

第三节　网络舆情应对长效机制

对网络舆情一定要高度重视，在舆情发生后第一时间做出反应，应对舆情一定要尊重事实，科学应对。

一、网络舆情应对机制建设

1. 建立健全工作制度和应对机制，提升网络舆情危机的化解能力

（1）积极利用各种新媒体平台，提高舆情引导水平

面对微传播平台的快速发展，了解舆情，掌握网络话语权，传播社会正能量十分重要。应紧跟新媒体发展潮流，借用微信公众平台，畅通舆情表达渠道，打造不同层面、不同影响的发声阵地，建立权威信息发布制度，有效引导舆情，促进社会和谐发展。

（2）数据分析提升舆情预测水平

大数据时代，思维和技术是最有价值的，但是最终大部分的价值还是必须从数据本身中挖掘。利用大数据，分析已发生的网络舆情数据，可以正确地引

导公众舆论，及时掌握当前舆情、预测未来舆情。大数据技术为网络舆情的监测、研判、引导、预警提供了有效的技术支持，我们可以利用大数据，分析已发生的网络舆情数据，正确引导公众舆论，及时掌握当前舆情、预测未来舆情。精准的预测分析能提升舆情管理工作水平，提高社会管理水平。

（3）用新媒体提升问政和服务水平

微信可以实现精准推送与实时互动，侧重强关系的打造，使用得好可以增进政府、企业与民众的关系。政府和企业通过开通官方微信，及时了解民意，加强与民众沟通与互动，提高工作效能，促进社会和谐发展。

（4）优势互补，发挥新老媒体整体优势

新媒体中微信以熟人圈交往为主，偏重一对一交流，但平台优势不足；微博则偏于公众交流，呈扩散性传播态势，传播面较广，平台优势明显。要充分发挥传统媒体、新兴媒体的优势，立体正面发声，澄清事实。《国务院关于进一步加强政府信息公开回应社会关切、提升政府公信力的意见》明确要求各地区各部门应积极探索利用政务微博、微信等新媒体，及时发布各类权威政务信息。

（5）建立舆情信息反馈机制

充分把握“时度效”，予以权威回应。力争及时发现问题，把问题扼杀于萌芽、化解危机于摇篮期。同时，在舆情处置过程中，应切实关注公众反映的问题，对于不合理的要求或暂时无法解决的合理要求，要耐心细致地做好引导工作，及时向公众反馈事件最新进展信息。针对民众所关心的问题，尤其是“网络领袖”的意见，互联网虽然降低了民众表达的门槛，但少数知名网友的声音，仍然引领着公众的价值评判。注重培养自身的意见领袖，当舆情危机发生时，同时设置舆论议题有效引导网上舆论，在议论过程中逐步把舆论引向正面轨道。

2. 建立与主流（网络）媒体的沟通机制

习近平同志早在2009年就在中央党校春季班开学典礼上提出了领导干部

的六种能力建设“统筹兼顾的能力、开拓创新的能力、知人善任的能力，应对风险的能力、维护稳定的能力，同媒体打交道的能力”。在新媒体时代，谣言没几句，农民伤元气。要主动加强与主流媒体的沟通合作，基层监管部门要与媒体建立战略性的友好合作关系，互联互通，有效引导舆论方向，耐心对媒体不熟悉的生产技术、农业投入品及农业生产常识等进行讲解，才能在舆情发生后第一时间发出正面声音，从而掌握话语权。

3. 优化网络环境，构建网络互动新体系

2016年4月19日，习近平在网络安全和信息化工作座谈会上的讲话中提出，要学会通过网络走群众路线。善于运用网络了解民意、开展工作，是新形势下领导干部做好工作的基本功。各级政府以及媒体机构可以尝试建立网络发言人制度，网络发言人要熟悉舆情应对的程序、内容和结论等，应对舆情科学严谨，要经得起反复推敲和检验。网络发言人要对本地区百姓所关心的问题、事件等进行定期或不定期的网上发布，让各种突发性群体事件的信息传输更多地通过这一渠道实现有效传递。还可以搭建媒体对话平台，与网民在网上展开对话以及就一些重要话题，在现实中进行面对面地沟通，化解矛盾、消除误会。这样可以不断提升政府及媒体公信力。

4. 健全分类处置机制

网络舆情具有直接性、突发性和破坏性等特点，要建立和完善网络舆情多维采集和分类处置机制，针对网络舆情多发频发的情况，要分清轻重缓急、明确责任主体、分类有效处置。要根据发布载体、传播速度、网评数量、舆论反响等指标，将舆情信息分为不同等级，进而制定出标准清晰、流程规范、授权到位的差异化处置方案。随着区块链、人工智能等技术的日臻完善和深入应用，舆情处置也从事后修复，事中化解延伸到事前防范，要及时提升智能技术能力和大数据开发运用水平。第一时间把握舆论和信息脉搏，及时、科学地处置网络舆情。

二、网络舆情应对保障机制

1. 建立组织保障机制

网络舆情和网络信息安全工作一样，都应实行属地管理和一把手负责制，采取“谁运营谁负责、谁主管谁负责、谁使用谁负责”的办法实行责任追究制。要在进一步提高认识的基础上，把网络舆情信息工作纳入宣传思想工作总体安排，精心部署，狠抓落实。要制定各种规章制度规范网络行为。要明确一位领导同志具体分管网络舆情信息工作，同时确定一名同志为舆情信息员负责网络舆情的日常监测，每天或每周按部门对网络舆情进行分类整理，针对各部门的情况，提供简单的舆情监测分析报告，及时向各职能部门进行反馈。

2. 完善新闻发言人制度

新闻发言人制度是一种新闻发布制度，其发布内容涉及所有与公众利益直接相关的问题，在为媒体提供权威性的信息，满足公众的知情权，引导社会舆论，促进社会稳定方面发挥了积极作用。面对舆论工作新形势，必须进一步完善新闻发言人制度。一是要有计划地加强对新闻发言人和新闻发布团队成员的专业培训。不断提高新闻发言人和新闻发布团队成员的新闻素养、新闻舆论意识和政策把握、舆情研判、解疑释惑、回应引导能力，使其能坚持正确的政治方向和舆论导向，熟悉本单位全面情况，具备突发事件处置经验，具有较高的政策水平和良好的表达、沟通能力，善于与新闻媒体打交道。二是推动新闻发言人工作规范化。要以新闻发言人制度建设为抓手，健全舆情监测和应对机制，确保新闻发布的内容审查、舆情跟踪、效果评估等工作有序进行。三是构建立体化的传播载体。综合运用新闻发布会、集体采访、网络访谈、答记者问等多种形式，扩大发布信息受众面。主动适应新媒体发展趋势，推进网站和微博、微信、客户端建设。

3. 建立网络舆情应对处置财力、物力支撑制度

舆情应对需要人、财、物、技术等方面的保障。为了构建网络舆情保障机

制，舆情管理职能部门应建立舆情监测分析系统，配备必要的网络舆情分析软件。建立舆情分析专家库，可以为舆情管理提供智力保障。首先，与新闻媒体、舆情服务公司、科研机构保持良好的关系，可以为舆情管理提供协作保障。其次，信息科学技术、网络搜集引擎技术和数据挖掘技术的快速发展，为网络舆情的研判与应对提供了必要的技术保障。

4. 建立网络舆情研究机制

农产品质量安全的根源问题涉及产地环境、检验检测、安全生产、监督检查、包装和标识等环节，网络舆情会随着时代的发展而不断变化，必须要专业人才队伍来管辖。要广泛动员高校、科研机构、政府部门等单位积极从事舆情研究，定期召开应急管理工作研讨会，对整个事件的发生实施全程监管，提高农产品质量安全应急管理水平，加快推进农产品质量安全应急追溯管理，做到应急时刻不失语，不放大、不夸张，用目标、数据和结果说话。深化认识，提高舆情应对处置的科学性和实效性。

第四节　网络舆情典型案例分析

产地环节的网络舆情应对措施多为农产品质量安全问题事件的处置措施以及信息发布。针对不同类型的农产品质量安全网络舆情，政府部门一般采取不同的应对措施，如“缓控消解”型、“严查速打”型、“查控结合”型、“科学引导”型。

一、“缓控消解”型

“缓控消解”是主要针对产地环境中重金属和持久性有机污染物等长期存在，并且治理比较困难的危害因子所引发农产品质量安全网络舆情的处置方式。2013年广东和湖南爆出的“镉大米”事件即为缓控消解型的一个案例。“镉大米”事件爆出后，北方粳米销量增、价格涨，东北大米“一夜爆红”，进口的越南米、泰国米和巴基斯坦白米销量也因此大有增长。这对湖南等南方产地的大米销量造成了一定的打击，对我国的大米主产区的粮食产业造成了负面的影响。

【事件还原】

2013年5月16日，广州市食品药品监督管理局（食药监局）发布第一季度餐饮环节食品检测结果，米及米制品合格率仅为44.4%，抽检不合格的8批次大米均镉含量超标。但广州市食药监局称不合格名单不方便透露，面对外界强烈不满，5月17日晚11:30，广州市食药监局终于公布了涉事4家餐饮单位和处置措施，但没有公布镉超标大米的品牌和厂家。面对民众和媒体的强烈质疑，迫于压力，直到5月18日深夜才通过中国之声向外界公布镉超标的8批次米及米制品生产厂家、品牌。5月21日，《南方日报》报道称，被曝光的问题大米全部产自湖南。大米产地所在的湖南两县回应称，涉事企业已经在接受调查。而湖南环保厅则称，“倾向于认为肥料带入”。新华网采用了相当激烈的措辞，报道梳理了今年2月以来镉超标大米的信息，称湖南省食品安全委员会办公室面对记者追问，就有关情况核实了近3个月仍旧没有明确答复。5月27日，在遭到新华网质疑“3个月仍未明确回复”后，湖南省食品安全委员会办公室于5月26日正式回应媒体，称该省对近期曝光的生产企业、加工单位进行了专门检查，已经对库存粮食加强了监测，切实把住了粮食流向市场的“出口关”。

【分析】

首先，广东方面的监管部门在初期应对上的不及时对“镉大米”的事态扩大有一定的影响，但在舆论的强大压力下，几天后开始了全面响应，通过在全省范围内强度、范围极大的整治措施扭转了局面。

其次，湖南方面，其实早在广州事发之前已经在镉超标的问题上有了苗头，但迟迟没有给出正面回复，从央媒的数次追访中可以看出，在应对的态度上并不积极，直到事件的后期才做出回应。但事实上，从2013年5月19日开始，攸县已经召集农业、环保等多个政府部门组成调查组对此展开调查。3家被曝大米镉超标的生产厂家被要求停产待查。若此时将该消息迅速公布，则不会出现后期央媒的多次质疑，直到2013年5月29日湖南省对曝光的生产企业才首次回应了镉大米事件，表示对加工单位进行了专门检查，对库存粮食加强了监测，强调湖南省绝大部分粮食及加工产品是安全的，尤其是畜禽水产品、蔬菜、水果等农产品质量合格率多年稳居全国前列。

从这次应对可以看出，部分省份监管机构的反应迟钝，产、销省份之间缺乏有效的沟通，未能使舆情在发酵期被控制和引导，导致事态逐步升级。在及时采取措施应对的同时，还需要及时公布处置信息，避免外界的猜测和误解。在发布信息的同时，要结合相关专家的评判，避免片面性、错误性的引导和回答。

二、“严查速打”型

“严查速打”型是主要针对人为违法的添加有害物质造成的农产品质量安全网络舆情的应对措施。不法企业为了牟取高额的利润，不惜添加有毒有害物质于食用农产品中，对消费者的身体健康造成了极大的危害，必须严厉打击方能以儆效尤。“双汇瘦肉精”事件就是违法添加有毒有害物质造成危害的案例。

【事件还原】

据央视《每周质量报告》的3·15特别节目《“健美猪”真相》报道，养猪场采用违禁动物药品“瘦肉精”饲养，有毒猪肉流向了双汇。济源双汇食品有限公司是河南双汇集团下属的分公司，以生猪屠宰加工为主，有自己的连锁店和加盟店，“十八道检验、十八个放心”的字样随处可见，但却不包括“瘦肉精”检测。

事件一经报道，农业部立即紧急部署，成立督察组赴河南查处“瘦肉精”事件。从2011年3月20日开始，事件应对工作由河南省政府统一指挥，在全方位排查瘦肉精生猪的同时，加大对上游——瘦肉精制售源头的追查力度和下游收购贩运、屠宰环节监管失职渎职行为的查处力度。为妥善处置案件，河南省在短短几天时间内，出动10多万人次，排查检测了31万头生猪。除河南以外的山东、江苏、湖南、四川等养猪大省也不断加大排查力度，提高抽检频次，并随时向社会公布正面信息，对于稳定消费者的消费信心起到了重要作用。

针对河南暴露出的瘦肉精问题，农业部会同多部门共同起草了《瘦肉精专项整治方案》，2011年4月18日，由国务院食品安全委员会办公室向各地印发，开展了为期一年的瘦肉精专项整治行动。2011年12月底，农业部印发了《关于深入推进瘦肉精专项整治工作的意见》，指导各地进一步落实监管职责，健全长效工作机制。通过对瘦肉精问题的集中整治，犯罪势头得到有效遏制，源头治理取得重大突破，长效监管机制基本形成，执法监管能力切实增强，取得了明显成效。

【分析】

首先，违禁添加有毒有害物质历来是我国各级政府部门查处的重点。用于食品中的违禁添加物对人体造成的危害是非常严重的，因此必须采取高压态势，做到违法必究，执法必严，对涉案人员按照相应的法律法规严惩不贷。

其次，产地环节是“瘦肉精”事件的源头环节，更加需要严格控制，加强畜禽在养殖过程中的日常监测和管控，及时评估风险和预警，以起到在源头遏制瘦肉精的危害。

再次，法律法规的健全是规范生产者、打击犯罪的有效武器，在出现问题、解决问题的同时，法律法规的制定和相关解释也是十分必要的。

三、“查控结合”型

“查控结合”型是主要针对农产品生产过程中违规使用农业投入品而造成的农产品质量安全网络舆情的处置措施。在农业生产过程中，由于农民文化水平较低，在生产过程中，盲目过量使用农（兽）药或者使用违禁农兽药，从而造成农产品农兽药残留超标，危害消费者的健康。“毒生姜”事件就是姜农违规使用禁用农药涕灭威造成的。针对此类事件，需要在舆情发生前采取严格管控，舆情发生后彻底清查的措施来减少带来的负面影响（张树秋，2013）。

【事件还原】

2013年5月4日，央视《焦点访谈》节目播出《管不住的“神农丹”》，报道指出，山东省潍坊市峡山区王家庄的姜农在种植生姜时普遍施用一种叫“神农丹”的农药。媒体曝光后，山东省4日连夜派出工作组到潍坊进行现场督导查处。5月5日，新华网、中广网、新京报等相继追踪报道了潍坊市对此次事件的调查和处理情况。5月11日，潍坊市人民政府发布了关于禁止销售使用高毒农药的通告和监管举措。5月14日，王金宝厅长在电视会议上做出批示，要求全省农业系统在当地党委政府的统一领导下，以“潍坊生姜事件”为鉴，举一反三，全面加强监管，切实把各项监管措施落实到位。齐鲁晚报报道了山东省政府办公厅下发紧急通知，要求各级各有关部门要充分认识做好食品安全工作的重要性、紧迫性，把解决突出问题与建立长效机制结合起来，全面提升食品安全保障水平。5月15日，齐鲁晚报报道，山东省政府通报潍坊个别姜农违规使用剧毒农药“神农丹”种植生姜事件的处置情况，并要求从即日起开展全省农药大检查。5月17日，山东卫视《山东新闻联播》报道了山东省正在进行一场拉网式农产品质量大检查，生产、使用高毒农药是这次检查的重点。

【分析】

首先，应急处置。“毒生姜”事件一经报道，按照《山东省农产品质量安全事故应急预案》，山东省农业厅立即召开会议进行专题研究，并连夜派出督查组，由分管厅领导带队赶赴潍坊核查情况，指导调查处理。潍坊市委、市政府及农业局等有关部门高度重视、迅速响应，立即到事发地开展情况调查和处置工作。5月4日晚，当地对销售“神农丹”的峡山区赵戈镇果蔬医院进行了查封，将剩余5kg“神农丹”予以没收，有关销售店负责人由公安机关依法刑事拘留；迅速查明使用“神农丹”的种姜地块，全部翻种花生。组织力量对峡山区和全市生姜种植和用药情况进行了排查，对全市蔬菜果品的种植用药情况进行排查，排查各类地块 8 万 hm^2，抽检蔬菜样品 927 个，检查农药经营单位 4 975个，查处的违规产品全部进行封存并对相关责任人进行严肃处置。

其次，善后处置。“毒生姜”事件后，山东省省副秘书长、食品安全工作办公室主任马越男在接受媒体记者采访时表示对消费者感到抱歉，并承诺坚持标本兼治，采取系统性整改措施，着力构建长效的工作机制，确保向全国人民提供安全放心的食品。随即山东全省范围内展开了一场拉网式农产品质量大检查，重点检查生产、使用高毒农药的情况，同时明文重申在蔬菜优势产区禁止经营所有高毒农药，有效地安抚了消费者因此突发事件而对山东省生姜甚至其他农产品产生恐慌和抵触的情绪。

再次，信息公布。山东省农业厅厅长在针对媒体指责的“监管不力”及时作出了重要批示，省政府办公厅及时下发了紧急通知重拳整治食品安全问题，同时潍坊市政府公布了“毒生姜”的相关处置结果。山东省政府及相关部门在面对舆情爆发的初始阶段就积极响应，及时有效降低了此次事件的危害和影响。因此，在应对过程中，应积极研究应对措施，及时通过多渠道发布正面引导信息，把握舆情动态。

四、“科学引导”型

“科学引导”型是针对媒体报道不实或夸大风险的农产品质量安全网络舆情的应对措施。为了吸引消费者眼球，媒体在报道一些农产品质量安全事件时，会做出夸大风险的报道甚至捏造信息，从而引发大众恐慌，针对这类事件，则需要进行科学引导，及时辟谣。例如发生在烟台的“套袋苹果”事件，即为报道不实所引发的负面舆情，对烟台的苹果产业造成了不可估量的损失。

【事件还原】

2012 年 6 月 11 日，《新京报》头版刊发报道《红富士苹果　裹农药袋长成》，记者调查称，山东烟台红富士苹果主产区栖霞和招远一带，果农大量使用无任何标志的药袋包裹幼果直到成熟，白色药末与苹果直接接触。这组通版报道还配发了记者的调查路线图以及暗访画面，称“走访栖霞、招远的十几个村庄的五六十个果园，均发现大量使用农药袋套苹果”。

6月12日上午，烟台市政府通过媒体回应表示，2010年烟台农业部门曾发现个别果农使用违禁药物套袋，已专项整治。烟台将继续组织专项执法行动，对生产销售药袋的一律责令停产、没收产品和设备，吊销证照。

6月13日，《21世纪经济报道》的记者进行了独立的调查，记者称“没有发现药袋存在”，6月16日，人民网发表了《烟台苹果真相调查》，文章小标题分别为：套袋“套”出好苹果；退菌特和福美胂合理使用并非违禁；“药袋”乃个别现象，比例微乎其微。7月7日晚，在经过跟踪调查后，央视《真相调查》栏目为烟台苹果“正名”，报道表示，到目前为止，各级监测和风险评估都已完成，没有发现任何农残超标的苹果。一场历时近1个月的风波终于趋于平息，但事件对于当地苹果销售、价格造成的负面影响已显现。

【分析】

首先，在面对不实报道时，政府及相关部门也需在第一时间内积极响应，采取措施和行动，并需要尽快发布一些新闻供其他媒体转载，应对舆情危机决不可噤声。6月12日，烟台市政府召开新闻发布会，6月14日，烟台农业局局长梁传松、栖霞市市长陈兆宽等在内的地方官员相继在接受媒体采访时表态，力挺烟台苹果的安全性。媒体逐渐为“药袋苹果”开始正名，直到7月7日，央视《真相调查》节目公布了各级的监测和风险评估情况，烟台苹果并未发现农药残留，彻底打消了公众的质疑。

其次，由于误解引发的不实报道需要专家的科学简单易懂的解读。新华网新华视点栏目就“套袋苹果”事件推出了对中国工程院院士束怀瑞、烟台农业局局长梁传松的专访，文中引用了专家说法，解答了民众关心的套袋技术安全性，农药安全性等相关技术问题，打消了民众的恐慌，以及对套袋苹果的质疑。

最后，对存在的问题要及时处置。虽然烟台苹果少量采取了“药袋”进行种植，但仍存在此种情况，也必须采取相应的应急措施，清查和预防此类事件的再次发生。

五、总结

产地农产品质量安全舆情事件发生后，公众希望新闻发布和舆论疏导工作，首先，要第一时间公开突发事件的进展情况。封锁消息、选择沉默或是发布不真实的信息已不适用于现下的传播氛围；而粗暴地拒绝采访，只会更加激起舆论反弹。广东的“镉大米”事件即为如此。在首次公布镉超标大米时，不肯公布镉大米的品牌和来源，隐瞒的后果即招致公众和媒体的强烈不满。事发2日后，广州市食药监局在深夜被媒体等称之为“挤牙膏”般地公布了涉事的品牌名单。媒体追问紧了，再去公布相关信息，就已经丧失了应对的最好先机，未能阻止负面舆情的大量爆发。处于危机漩涡中的各级政府，面对的是恐慌、愤怒的消费者，农产品事件又涉及每个人的身体健康，使得舆论场充满了非理性和敏感性。政府的沉默只能使负面情绪和谣言恣意生长。

其次，要发布权威信息，适度公开透明。在移动网络如此发达的当下，想要隐瞒真相或者平息事端而说假话，只能加大公众的质疑和舆情的恶化。信息适度公开透明可以提高政府部门的舆论信任感。不少农产品质量安全舆情存在“来得快、散得急”的特征，在事情发展的开始就积极应对，公开相关信息，则起到事半功倍的效果。“毒生姜”事件一经发生，山东省政府连夜派出工作组到潍坊进行现场督导查处，第二天已将所有涉事的生姜和大葱等统一进行收缴和销毁，并对整个潍坊地区的生姜进行抽检。山东省农业厅厅长在针对媒体指责的“监管不力”及时作出了重要批示，省政府办公厅及时下发了紧急通知，重拳整治食品安全问题，同时潍坊市政府公布了“毒生姜”的相关处置结果。山东省政府及相关部门在面对舆情爆发的初始阶段就积极响应，及时有效地降低了此次事件的危害和影响。在应对过程中，积极研究应对措施，及时通过多渠道发布正面引导信息，把握舆情动态。新华网、腾讯网、新京报、山东新闻、齐鲁日报等媒体及时通报此次事件的处置办法和政策，正面宣传报道农产品质量安全监管重大活动，使舆情迅速进入回落期。但是信息公开要适度，对于牵扯政治因素或者敏感因素，信息尚属于国家机密范畴中，需严格按照国家和有关部门的规定，适时适度公开信息。

再次，预防和恰当处理次生网络舆论事件。突发舆情中，流言谣言是家常便饭，处理不及时会引发不必要的恐慌。政府部门应高度重视负面舆情收集，尤其是现在“微信”“微博”等“掌上”舆论场发展速度之快，稍有不慎可能触发意想不到的危机。

最后，善后与事后反思总结。产地农产品质量安全网络舆情的正面意义在于发现产地环节农产品质量安全监管的不足，及时改正、纠正现有的管理和监督办法，切实起到保障农产品质量安全的作用。农产品质量安全网络舆情结束后，从危机中汲取教训，恢复政府形象至关重要。政府部门的公开反思、敢于自责、切实整改，既可以表明政府正视问题的态度，也可以安抚社会抵触情绪。例如“毒生姜”事件后，山东省委副秘书长、食品安全工作办公室主任马越男在接受媒体记者采访时表示对消费者感到抱歉，并承诺坚持标本兼治，采取系统性整改措施，着力构建长效的工作机制，确保向全国人民提供安全放心的食品。随即山东全省范围内展开了一场拉网式农产品质量大检查，重点检查生产、使用高毒农药，有效地安抚了消费者因此突发事件而对山东省生姜甚至其他农产品产生恐慌和抵触的情绪。

第四章　农产品质量安全舆情科普

第一节　农产品质量安全的风险评估

农产品质量安全风险评估是对农产品质量中影响人的健康、安全因子的风险探测、危害评定和营养功能评价，是农产品质量安全监管工作推进到一定程度的客观需要和必然选择。对农产品质量安全危害因子实施风险评估，是《中华人民共和国农产品质量安全法》和《中华人民共和国食品安全法》对农产品质量安全、食品安全确立的一项最基本的法律制度，也是国际食品法典委员会（CAC）制定食用农产品和食品质量安全国际标准的一个基本准则。《中华人民共和国农产品质量安全法》第六条指出国务院农业行政主管部门应当设立由有关方面专家组成的农产品质量安全风险评估专家委员会，对可能影响农产品质量安全的潜在危害进行风险分析和评估。风险评估的目的是探测农产品质量安全方面未知危害因子种类、评价已知危害因子的危害程度并探究各种危害因子在动植物体内的转化代谢规律、评定各种特色农产品的营养功能和特质性品质与活性物质。为农产品质量安全监管重点的锁定、农产品质量安全标准的制修订、生产的科学指导、消费的正确引导、及时的科普宣传、突发问题的应急处置、准确的科学研究、公正的国际贸易技术措施评定，以及各种有关农产品质量安全的质疑、谣传、说法、猜想、“潜规则”的识别提供科学数据和技术依据（邓玉，2018）。

一、风险评估体系

截至目前，农业农村部已组建了农业农村部农产品质量安全专家组和国家农产品质量安全风险评估专家委员会2个专家队伍，构建了以1个国家农产品质量安全风险评估机构为龙头、105个农业农村部各专业性和区域性农产品质量安全风险评估实验室为主体、148个各主产区农产品质量安全风险评估实验站为基础、1万多个农产品生产基地质量安全风险评估国家观测点为延伸的国家农产品质量安全风险评估体系。并初步形成了由国家级农产品质量安全风险评估机构、部级风险评估实验室和院级风险评估研究中心组成的装备先进、分工明确、运转高效的学科平台体系（金发忠，2014）。

二、风险评估的类型

我国农产品质量安全风险评估，按照评估农兽药残留、重金属、生物毒素、病原微生物、外源添加物（包括防腐剂、保鲜剂和添加剂）、客观存在尚不知道的其他危害因子等6大危害因子，从识别、甄别、鉴定、评定和农产品质量安全营养功能及动植物、微生物产品中活性物质评价的特点划分，可总体划分为“四大评估、一大评价”（金发忠，2014）。

1. 专项评估

是贯通农产品种养殖和收贮运全程的危害因子识别与关键控制点的探测，目的是明确生产全程的危害因子及关键控制点与关键控制技术，为农产品质量安全全程监管、标准化生产、种养指导、技术培训、休药期（间隔期）设定、质量认证、最佳收获期、产地准出、质量追溯等管控提供科学依据，为制定相应产品全程管控HACCP、GAP、GMP等技术规范提供技术准则。

2. 应急评估

主要是面对各种农产品质量安全突发事件与问题处置，重中之重是为各种突发事件与问题的定性评价、定量评定、规范处置和后续完善及防范类似问题再次发生提供科学依据和决策参考。

3. 验证评估

主要是针对农产品质量安全各种质疑、猜测、说法、争议、标榜和所谓的“潜规则”澄清及现有技术标准适应性所实施的评估，统称为验证评估，目的是探明事物本质、还原事实真相、符合客观实际，为公众消费、执法监管、生产指导、标准制修订等农产品质量安全工作提供科学依据。

4. 跟踪评估

主要是对一些长期存在、久治不绝但又必须予以关注和管控的重大风险隐患和重要危害因子，实施年复一年、持续不断的评估，重在掌握其消长变化、转移迁徙和动态发展规律，为精准执法监管、分类指导生产、区别引导消费等提供科学依据。

5. 一大评价

即农产品质量安全营养功能评价，包括对动植物及微生物产品特质性成分和活性物质的评定。尽快摸清各类农产品特别是特色农产品的主要营养成分和特有的、人体必需的活性物质，抓紧建立国家农产品质量安全营养功能与活性物质数据库，从而开展独具特色的农产品质量安全营养功能与活性物质的探测甄别、品质评价与功能鉴定。

三、农产品质量安全风险评估程序

1. 现场调研

现场调研是风险评估特别是农产品质量安全风险评估最基础的工作，任何一个产品和危害因子的评估，都必须基于产地环境、生产过程和收贮运环节的实际情况，进行全面的、全过程的调查，探寻和查找可能影响或构成农产品质量安全的风险隐患种类、污染路径、污染方式、存在形式，从产地环境、农业投入品、动植物生长代谢、病虫害发生、生产管理、过程防控、收贮运设施设备、防腐保鲜剂使用等方面进行摸底排查，做到心中有数，了解从中发现的问题和锁定风险隐患，采取下一步取样验证措施。

2. 取样验证

对在调查过程中发现的风险隐患和可疑环节，实施取样。取样的种类、范围、数量、频次、样品的制备、贮运等，应根据风险评估工作的需要和风险评估工作实施方案确定。取样工作必须确保针对性和代表性，并保持样品的原始性和编码识别的唯一性。按照现场调查发现的问题和可能存在的风险隐患，结合抽取的样品情况，需采取科学的方法和对应的仪器设备，对采取样品的未知危害因子的种类、品种、形态等进行验证识别和量值大小确认。

3. 分析研判

样品验证确认数据出来后，要认真对照现场调查过程中发现的问题和风险隐患，实施一对一的追踪分析和个案研判，仔细分析各验证确认数据是否是现场调查中发现的问题和可能存在风险隐患的真实反映，同时对各危害因子和相对应的验证确认数据进行系统分析、数据处理、风险分级和危害研判，从中得出问题隐患的真实状况、发生发展变化规律及防控措施初步建议。

4. 综合会商

对每一个产品、因子、环节的风险隐患和危害因子验证确认数据进行分析研判后，得出问题隐患的初步结果和结论，在此基础上，原则上应当依托各风险评估实验室的技术委员会对风险评估初步结果和结论进行综合会商，对先期验证确认数据和分析研判初步结论进行专家会诊，从科学性、准确性和代表性对验证数据和分析研判结果进行集体审议，得出最终准确的评估数据和评估结论。

5. 报告编制

在综合会商审议通过的评估数据和评估结论的基础上，结合前期的现场调查和取样验证，对整个评估进行总结和统计分析，形成与评估任务委托、部署和实施方案相对应、相一致的风险评估结果。评估结果应当对评估的产品、危害因子或环节存在的危害因子的种类、品种、形态、范围、危害程度、危害途径、代谢变化规律和消除及控制措施给出明确的导向和决策建议。同时，还需在风险评估结果的基础上，广泛收集评估产品、危害因子或环节的前几年例行监测、监督抽查、专项整治、举报投诉、舆情处置、中毒事件、标准制修订、生产缺陷、消费抱怨、进出口贸易技术措施等信息，提出相应产品或危害因子全面的风险评估报告。风险评估报告除当次风险评估结果外，应当基于评估数据、评估结果和相关信息，对相关产品、危害因子或环节的质量安全监管重点、标准制修订、生产指导、消费引导、应急处置、科学研究和进出口贸易技术措施的构建，提出可行的意见和建议，这也是风险评估为风险管理、风险交流提供科学依据的国际通行原则与成功做法。

四、风险评估与产地舆情

农产品质量安全风险评估，考察的是生产基地的农产品产地环境、生产过程、收贮运环节的规范性和从种养殖到进入批发、零售市场或生产加工企业前的农产品质量安全的真实状况，评估农产品的生产实际、生长规律和污染物的代谢转化真实情况。通过农产品质量安全风险监测和风险评估，可使产地农产品质量安全家底清、背景明，舆情风险受控，隐患能及时排除，更加科学地确立农产品质量安全执法监管重点、更准确地指导生产、更客观地引导公众消费。假若产地危害和产品危害因子的量相对稳定，公众消费的农产品品种与数量也相对稳定的情况下，要规避农产品质量安全危害因子对公众健康影响的办法有两个可选择的路径，一是农产品产地和产品危害因子及量值一时改变、改善不了的，而且单一品种农产品质量安全危害因子若又超标或多食物混合膳食后累加危害因子超标时，可由卫生部门发布消费预警，告知公众尽可能不吃相关风险产品或少吃风险产品，这样农产品生产照常，生产的产品可直接转作他用即可，不打乱农产品的正常生产格局和生产秩序；二是不改变公众的消费品种和膳食量，采取措施改良产地环境、改变生产方式和更换危害因子低吸附的农产品品种，以实现原产地产出的相近数量的农产品符合公众消费安全的要求。

五、农产品质量安全风险评估的建议

1. 加大资金投入

风险评估是一项政策性、技术性和保密性极强的科学研究性质的农产品质量安全监管工作，是一项长期复杂的工作，需要大量的、持续的资金投入，才能保障有充足仪器设备、引进专业的监测人才来推动农产品质量安全风险评估的进展，才能在学科建设上有所创新。

2. 完善风险评估体系

我国的风险评估体系是以国家农产品质量安全风险评估机构为龙头，农业农村部各专业性和区域性农产品质量安全风险评估实验室为主体、各主产区农产品质量安全风险评估实验站为基础、农产品生产基地质量安全风险评估国家观测点为延伸的四级体系。由于我国农业经营个体较为散落且生产水平良莠不齐。要加强基层的实验站、观测站的建设。首先，要确保高素质人才队伍，风险评估是责任重大的国家研究性项目，具有持续性和稳定性，对人才的要求极高。为确保风险评估实验室能够正常开展工作，必须配备专业性强、责任心重、吃苦耐劳的专业技术人员。其次，要确保相适应的仪器设备，仪器条件是风险评估中的基础性条件保障，只有具备相应检测能力并且通过计量检定的仪器才能确保风险评估的数据准确、可靠。最后，要有严格风险评估的制度规范，风险评估实验室应建立实验室质量控制体系，编制并正确实施风险评估实验室程序文件，按照规定制定工作计划、工作程序和工作规范，定期对风险评估工作实施内审，以确保风险评估和风险监测结果科学、准确、可靠。

3. 加强农产品质量安全风险评估学科建设

开展农产品质量安全在理论科学技术的研究、揭露其自身安全隐患危险所适用的科学规律及增强其安全质量，是建立健全农产品质量安全风险评估的重要内容。就目前来说，这一领域是比较年轻的，其自身的经验、成就及质量等方面仍然是比较稚嫩的。随着我国经济社会的发展和人民群众生活水平的提高，在解决国家粮食总量安全和基本食物安全的基础上，探索未知危害因子和评价农产品的营养功能，以现代营养理念引导食物消费，逐步形成以营养需求为指导的现代食物产业体系，将成为今后农产品质量安全风险评估体系的重要组成部分和学科发展的新方向。

六、风险交流

风险交流一般指风险评估人员、风险管理人员、消费者、企业、学术界和其他利益相关方就某项风险、风险所涉及的因素和风险认知相互交换信息和意见的过程，内容包括风险评估结果的解释和风险管理决策的依据等。产地农产品质量安全风险交流应该是农产品质量安全监管机构、生产者（生产企业）、产业协会（组织）、网民（消费者）、全媒体等分别就引发网络舆情的问题事件的性质、危害及谣言的科学真相，以及网络舆情风险的性质、风险评估的不确定性（如评估指标的精准性、评估方法及模型的误差、舆情议题流变的不确定性）等进行有效的交流，与利益相关方达成有效的和解、共识。风险交流是应对农产品质量安全舆情的重要手段之一。特别是我国的农产品质量安全舆情，除一小部分确属质量安全隐患外，大多是由于消费者的认知水平较低及信息不对称、信息发布不科学所致，因此舆情风险交流的重中之重应该是具有高度针对性的舆情科普交流（李祥洲，2017）。

风险交流一般采取座谈会、开放日、现场会、新闻发布会、电视、报刊、政府网站等形式。座谈会、开放日和现场会等形式可以面对面地交流，特别是开放日和现场会比较直观，但受众面比较窄，新闻发布会适合于重大舆情信息的发布。

电视和报纸等传统主流媒体的权威性和可信度，到目前为止还是新兴媒体无法替代的，因此要重视它们在风险交流中的重要作用。国家食品安全风险评估中心陈思等人的调查结果表明：公众获取食品安全信息最常用的渠道中，

“电视”的影响程度远远高于其他渠道，其次是新闻门户网站和报纸杂志。

随着博客、微博、社交网络、网络视频、播客等互联网新媒体和手机互联网、手机报、手机短信等移动新媒体的出现，新媒体已逐渐成为公众信息的主要来源之一；因此，利用网络及“三微一端”等新型信息平台进行风险交流也应受到重视，如：陈君石院士的博客和微博、食品安全国家标准审评委员会秘书处微博、科学松鼠会云无心的微信和微博等；浙江省食品（农产品）监管部门建立的“浙江食品药品监管”微信公众号等平台，仅2017年上半年，主动推送“肉松是棉花做的?”“螃蟹注胶实验结果来了”等微信413篇，单篇阅读量最高99 084次，起到了很好的风险交流作用（来自浙江省食品药品监督管理局的统计数据）。

不管采取哪种形式，风险交流都要针对公众的关注点和认知水平，内容和表现形式也要简洁、通俗易懂，尽量用图表、视频、漫画和动画，以及一些通俗易懂、公众能听得懂的语言，少使用一些枯燥生涩的专业术语。

第二节　农产品质量安全舆情科普

农产品质量安全舆情一直是媒体报道的热点，也是社会公众关注的焦点。客观公正的媒体监督报道在一定程度上对我国农产品质量安全监管工作起到了积极的推进作用，但不科学、不客观、不全面的爆料也屡见不鲜。综观近年来社会公众高度关切的涉及食品、农产品质量安全的热点问题，由于消费者及媒体从业人员缺乏农产品生产和安全消费科技知识，对农产品质量安全限量标准不了解，难以对农产品质量安全问题形成清醒客观的认识，谣言、传言几近占了一半。近年来的舆情风险应对实践表明，这些舆情类型、发生环节及风险诱因都有相应的大量科普工作需要跟进，需要科学地普及农产品质量安全政策法规措施标准，普及农产品质量安全生产、安全消费科学技术知识常识，从而提高公众的科学认知水平，化解消费者的安全疑虑，指导科学生产及安全消费。

一、舆情科普的主体、对象

1. 舆情科普的主体

舆情科普的主体，即舆情科普的组织者、实施者及责任方。我国传统科普主体主要包括政府、专业机构及其专家学者，以及其他社会团体和个人等（戴芬，2018）。进入21世纪以后，党和政府的高度重视，一些企业、媒体也参与进来，使得我国科普社会化趋势日益明显，呈现“政府推动，全面参与，促进和谐”的特点，科普主体呈现多元化与媒体化特点。

（1）政府部门

政府部门作为舆情科普的主体，制订科普计划，提供财政资金支持，从各方面保证舆情科普工作的顺利开展；组织和支持专业机构及其专家学者等做好舆情科普工作；政府部门的工作人员，在技术推广和认证、执法等活动中，直接开展或参与科普工作。

（2）专业机构及其专家学者

农产品质量安全科研、检测、风险评估等专业机构及其专家学者在舆情科普中的地位和作用无可替代。专业机构具有凝聚专家的作用，而专家具有专业知识，掌握科学数据，能够用数据说话、释疑解惑。专业机构的专家组织风险评估，预先过滤片面或错误的意见和观点，最终形成全面和科学的结论。专业机构作为相对独立的第三方，专家也是普通消费者，可以起到上联政府、下通百姓的作用。

（3）其他社会团体和个人

近年来，一些公益性质的科普组织和个人（如网络大“V”），在舆情科普方面做了大量工作，发挥了较大的作用。要重视和培育“科学网红”和“意见领袖”，充分发挥他们的作用。一些民间科普组织和个人在利益驱动下，常常发布不实信息或夸大宣传，对企业、行业、消费者和政府部门带来负面影响，也应加强规范。

（4）企业

中国在转向市场经济后，企业成为经济和社会中的主体，全球化加重了竞争的压力，知识经济突出了知识和人的地位，再加上科学技术的发展，企业逐步成为科普的主体。且企业是技术创新的主体，是有能力也有必要承担科普宣传活动的。农产品生产企业（农民合作社）、农产品加工企业、农产品运输企业、农资生产企业、农资销售企业等均可以作为科普主体传播农产品质量安全的知识。

（5）媒体

媒体通常被认为只是科普的手段而非主体。然而，一方面，由于公众尤其是中国公众对媒体的特别依赖，另一方面，近年来媒体在不同程度上走入市场，不得不靠吸引“眼球”来维持生计，如按发行量、收听和收视率等来取舍内容和栏目，因而在包括科普等方面的主动性大大增强。同样，由于利益使然，科普的真实性会受到影响，一些哗众取宠甚至耸人听闻的内容常可见诸于媒体。电视和报纸是我国公众获取各种科技信息的首选渠道，加强这两大传媒的科普力量，是当前提高我国公众科学素养的重要手段。为了防止出现因无知而造成的宣传伪科学现象，主要传媒应该建立科普专家顾问组或专家咨询网。

总之，一方面，新的主体正在介入并发挥各自的作用；另一方面，政府仍是主导者，是“主体中的主体”，并对新的主体起引导、组织、规范和管理的作用。

2. 舆情科普的受体和内容

科普受体也称之为科普对象，即接受科普的人。通常是指传播过程中信息的接受者，是读者、听众和观众的统称。因此舆情科普对象应包括管理者、生产者、舆情传播参与者和一般消费者等。不同的科普对象拥有不同的人群属性特征，在舆情风险形成和管控过程中所扮演的角色也不尽相同。因此，应当针对不同的科普对象选择投放不同的科普内容。

（1）管理者

一些管理者没有直接管理农产品质量安全工作，也不是农产品质量安全专家，他们对农产品质量安全问题缺乏深入了解，但在有关大政方针决策的时候，或者是在农产品质量安全突发问题事件中有表决权、发言权或言论自由，他们的态度和意见在决策及舆情发酵过程中常常产生导向性影响，这些管理者既是科普主体又是科普对象。对管理者的科普主要包括 3 个方面：一是现阶段我国社会的主要矛盾构成及发展阶段性认识；二是农产品质量安全监管方面的法律法规、政策措施、科学研究、成果成效等；三是农产品安全生产基础知识、农产品生长发育的基本常识、标准限量及安全消费知识等。

（2）生产经营者

生产经营者是农产品质量安全问题的第一责任人，安全的农产品最终靠生产者生产出来。对生产经营者科普的目的是解决消费者与生产者的信息不对称；针对生产主体的科普，主要包括科学用药、科学生产；针对农资经销商，主要是宣讲禁限用农药和农药的普法知识，以及面对和应用媒介时客观宣传、正确表述农产品安全属性的能力等。

（3）舆情参与者

舆情传播参与者包括媒体人、网络大“V”、发帖转帖跟帖的普通网民等。对于这类对象，要加强农产品质量安全生产、安全消费知识的科普和自律教育，引导媒体人能够真实、准确、客观地报道相关问题事件，网络大“V”和普通网民不造谣、不信谣、不传谣。

（4）一般消费者

对消费者的科普，科普目的主要包括相关谣言的科普解读，打消消费者的怀疑，解决消费者与生产者的信息不对称。要针对消费者关心但不了解的农业知识进行科普，因此要普及农产品质量安全生产、安全消费知识，以提高消费者的农产品质量安全认知水平，帮助树立正确的消费观念，养成正确的消费习惯。如能正确地看待农兽渔药和添加剂的作用和残留，不过度追求零农药、零兽药、零添加剂等；不过分注重农产品的外观；如何选择安全优质的农产品，以及正确的消费方法等；对特定名词进行解释。另外，还要针对消费者关心的农业科技热点问题，如转基因食品、绿色有机农业、脱水蔬菜、生态养殖、克隆动物、农业生态系统里的食物链关系、生物杀虫剂、有效间种套种、太空蔬菜、微生物饲料、植物相克相生作用等，进行科普解读。

二、舆情科普分类

舆情科普一般分为日常科普和应急科普。

日常科普是一个长期的工作过程，需要进行长期的、不间断的科普，日常科普需注意时节性，根据舆情事件的季节突发性，在不同的农产品上市期间，着重对其进行重点和热点科普，避免负面舆情尤其是谣言的发生。鉴于我国的农产品质量安全舆情，除一小部分确实属于农产品质量安全问题类外，大部分属于认知类或恶意攻讦类谣言，很大程度上折射的是公众对农产品质量安全的焦虑及知识的局限。一些地方会有计划地在各种媒体上科学解读有关农产品质量安全舆情热点，宣介有关政策法规标准措施、成果成效，或者是季节性农产品上市销售之前，针对常见周期性舆情问题做好事前（预防）科普，正面引导舆论，可以减少农产品质量安全问题事件舆情的发生。比如，浙江省农业部门在草莓、杨梅、葡萄等舆情高敏农产品上市前，经常组织开展农产品质量安全科普宣传直通车进社区、进基地等活动，并组织专家针对农药使用、植物生长调节剂等问题进行科学解读，让公众了解农产品的生产过程，化解公众的疑惑，对于减少舆情的发生起到了一定的作用。

应急科普是指突发问题事件舆情发生后，相关部门为了及时回应社会关切，化解公众疑虑，引导舆情发展方向，消除舆情负面影响，在第一时间开展的具有高度针对性的专家科学解读、科学常识普及。应急科普常常通过传统媒体（如报纸、电视、广播等）或新媒体（如微博、微信、微视频和客户端等）等多媒介平台，实时权威发布有关法律法规标准，专家科学解读、普及问题所涉及的基本科学常识。对应急科普而言，及时而准确是第一位的。应急科普包括事中科普和事后科普。事中科普是在舆情的发展过程中进行有针对性科普的一种模式。对于影响较大且比较复杂的舆情，相关部门要第一时间发声，并组织权威专家进行科学解读，及时解除舆情风险。如避孕药黄瓜、避孕药葡萄等舆情发生时，农业农村部第一时间发声，组织专家在新华网进行科学解答辟谣。事后科普是指舆情回落消解后，认真进行总结，对一些有偏颇的信息和科普内容及时更正，把应急处置时可能零散的科普内容进行归纳整理，结合风险评估结论，进行系统的、完善的科普交流。此外，对于一些复杂的、有争议的农产品质量安全舆情事件，可能存在结论不明确、依据不充分的情形，经过一段时间的研究，有了充分的依据和明确的结论后，再进行科普交流。

舆情科普宣传不是商业广告，不能狂轰滥炸、让人生厌，要有目的、有计划、恰到好处，才能入脑入心。

三、舆情科普渠道

科普传播渠道大致可分为两类：一是利用科学教育、大众媒体、基础设施以及群众性科普活动；二是公众群体内利用人际交流途径实现的科普。科学教育是当代科普最重要的渠道之一，作为社会教育体系一个基本组成部分，科学教育拥有包括正规和非正规教育在内的庞大体系，通过系统性的知识传授，能够使受教育者获得某一领域比较系统的知识及研究方法、科学思想等。进入信息化社会以后，媒体传播在科普传播体系中的地位日益提升。报刊、电台、电视等传统大众媒体本身就是影响公众科学素质水平的重要渠道，近年来发展迅速的新媒体在科普传播方面的作用更加明显。网络科普传播渠道带来了科普传播形式的重大变革，科普传播形式不再局限于文字、音频、视频等，更出现了各种高参与性互动性的科普表现形式，如科学实验、观察日记、科普游戏等。网络媒体的巨大优越性体现在多样化科普传播方式带给公众的互动感与参与感，如新颖的科普类游戏、视频（如观察日记等）拉近了科学与公众的距离，使科普事业初步进入了“公众参与科学”时期。而自媒体时代及移动互联网时代的到来更为“公众参与科学”提供了平台，低门槛、高交互性与自由性为公众提供了话语权，也使双向传播更加便捷。

四、舆情科普媒介

随着科学技术的不断进步，传统媒体如报纸、图书等纸质传播媒介依然还在发挥作用，但对于年轻一代成长发挥的作用不断减小，微信、微博等新媒体传播工具的出现不断吸引用户集聚。新媒体技术成为信息交流的主流平台，同时也成为科普工作新的阵地。

1. 传统媒体

舆情监测显示，报纸、电视、广播、书刊等传统媒体仍然是公众获取信息的主要来源之一，其权威性和可信度到目前为止还是网络媒体无法取代的，尤其是传统媒体在舆情科普及风险交流中具有十分重要的地位。在农产品质量安全舆情科普中，要重视和发挥报纸、电视、广播等传统媒体的作用，要坚守报纸、电视等传统媒体的舆论阵地，充分利用传统媒体宣传平台进行科普，消除舆情负面影响。此外，科普讲座、科普展览、知识竞赛、科技咨询、科技活动周、科普活动月，以及公共场所的科普展板、宣传栏、电子屏等科普宣传载体仍然是有效的食品农产品质量安全科普方式。

2. 网络媒体

近年来，互联网快速发展，来自网络媒体信息源的舆情数量已超过传统媒体信息源。在“互联网+”背景下，信息传播形式和载体更加多元，舆情科普工作的环境、任务、内容和对象复杂多变，舆情博弈的主战场也就在网络之中，社会舆论的议程设置越来越多地来自于互联网，人们也发展了基于互联网的各种新媒体舆情科普平台，比如食品农产品质量安全科普资源共享服务平台、官方科普社交平台、农业科技手机报、主题科普宣传网站（网页）、科普微博、科普微信公众号、科普微视频、科普 APP 等，以微博、微信、微视频和手机客户端为代表的“三微一端”对食品农产品质量安全舆论议程设置的主导作用日益凸显。

3. 融媒体

以互联网和手机等为代表的新兴媒体，具有融合多种媒体的信息整合功能，新媒体与传统媒体的多重立体组合，表现出信息传播形式的多样性与传播内容的多元化，具有更好的传播效果。近年来，众多传统媒体进军新媒体，把报纸、电视、电台等传统媒体与互联网、手机、手持智能终端等新兴媒体传播渠道有效结合起来，使得原本单一的文字、音频、视频节目有了更为丰富多彩的文字、图片、音频、视频乃至动漫等融合表现形式，公众可以打破原有的时间、空间限制，随时随地接受科学知识，自由地搜看自己喜欢的视频资料。此外，手机等智能终端还可以通过后台云计算、大数据和个性化的分析，了解用户兴趣点，进行有针对性的科普知识推送。要重视和加强融媒体科普在食品农产品质量安全舆情科普方面的作用。

五、舆情科普场地

科普场地也是科普媒介的一种。例如科技馆、科学技术博物馆、青少年科技馆站、科普画廊、科普大篷车等活动场地。其中普及度最高、应用最广泛的为科技馆和科学技术博物馆。科技馆和科学技术博物馆面向的受众更广、趣味性更强，例如西北农林科技大学博览园中设立逸夫科技馆中的动物博物馆和昆虫博物馆，土壤博物馆、植物博物馆、中国农业历史博物馆 5 个专业博物馆，以及蝴蝶园、植物分类园、树木园和多种种质资源圃等，是很好的农产品生产和质量安全的科普基地。

六、舆情科普模式

科普传播由固定的单向传播、被动接收，走向双向互动、主动关注、选择接收的模式。越来越多的社会大众不再满足于被动地接受科普知识，他们成为更为主动的科普知识分享者与传播者，人人都是自媒体。各社会阶层依托微信、微博都建立了自己的科普账号。例如政府层面，农业农村部农产品质量安全中心创建的微信公众号“中国农产品质量安全”和“农安天地”，里面有大量优秀的农产品质量安全科普文章、视频等信息。在商业层面，果壳网官方微博由一个果壳网主微博账号和十几个子账号组成，形成了一个辐射面巨大、内容覆盖精确的微博矩阵，里面涵盖了农产品质量安全、营养的部分内容；在公益层面，科学松鼠会的官方微博、微信公众号都是网络影响力很强的民间科普组织，对历年来发生的负面舆情均有自身的解读和科普。

1. 平面式科普

以平面化的文字、图片（包括图表、照片和漫画等）为主要内容的科普形式。专家学者通过图书、报纸、期刊、展板、宣传栏、电子屏、网站（网页）、博客、微博、微信公众号等发表食品农产品质量安全科普文章，介绍安全生产、安全消费科普常识，都属于文字科普形式。文字科普是舆情科普的重要形式之一，除了要贴合公众的关注点和认知水平、增强针对性外，特别应注意内容简洁、通俗易懂和趣味性。对科普内容进行文学加工，如科学童话、科普故事、科普诗歌、科普小品、科普歌曲，特别是科普段子（顺口溜）等，也是公众比较喜爱的科普形式。目前网络空间调侃食品安全问题的段子很多，流传得也比较快。但是，好的科普段子，以及科普小品、科学童话、科普故事却不是很多。文学式科普可以提升公众对谣言的群体免疫力。

2. 音频式科普

将农产品质量安全舆情科普内容可以制作成音频在电台、社区广播、网络、手机、电脑中播放的模式。人们可以随时、随地听科学家讲几段妙趣横生的科普故事，既不占用额外的时间，又能轻松地获得科技知识，培育正能量粉丝群体，引导公众的态度和意见。这也是食品农产品质量安全舆情科普的一种可用的形式。

3. 视频式科普

电视（网络电视）、网络直播、微视频、动漫视频等形式的科普，形象直观，变静态科普为动态科普，专家现身说法，或者生动形象的动漫主角的台词代言，更容易让公众接受，如农业农村部农产品质量安全专家编导的“空心草莓”“避孕药黄瓜”“甲醛白菜”等科普视频在微信、微博中大量转载传播，以及“塑料紫菜”和“塑料粉丝”事件利用视频辟谣，都属于视频科普的形式。

4. 交互式科普

传统的科普形式多为单向信息传播，信息流从信息源单向流动至信息宿主。针对新媒体环境下舆情信息传播的多向性，利用可交互式手段实现信息的多向流动将是未来舆情科普的重要发展方向。此外，电视、网络、手机中及现场游戏互动的科普形式，增强了趣味性和互动性，深受公众特别是青少年的喜爱。2016 年食品安全校园行暨第二届食品安全科普创新公益大赛用全视觉化科普创意助力食品安全，问答互动、转发集赞、看视频学食安、食安 rap（说唱音乐）、街舞、拉丁舞、武术、歌曲等将食安科普玩出了新花样，微视频、H5 等作品将科普引向互联化、动态化、多媒体化。此外，通过电视或网络等开展的食品农产品安全知识竞赛（大会），也是很好的综艺互动类科普形式，对营造良好的舆论氛围十分有效。

七、舆情科普队伍

舆情科普是农产品质量安全应急处置的重点工作，对消除舆情风险隐患、化解公众疑虑、稳定提升消费信心、保护产业发展、维护政府公信力都有十分重要的作用，值得高度重视。应加强新媒体环境下农产品质量安全舆情科普工作顶层设计，持续推进舆情科普队伍建设，不断创新舆情科普方式方法，稳定提高舆情科普工作成效。

1. 提高科普队伍的素质

科普工作者作为科普工作的主体，自身素质要过硬，一支强有力的高素质科普队伍才能够保障科普事业的顺利进行。

科普活动面对不同的受众人群，要根据不同人群的知识水平和生活经验采取不同的手段和方式进行宣传，针对不同受众主体进行相应的科普宣传。比如需要有人对青少年进行科普宣传、需要有人在农村进行科普宣传、需要有人去展览馆等，针对不同的内容进行相应的宣传，需要有人创作科普内容，需要有人进行影像作品的创作。形成多层次、分工合理、有组织的科普网络化队伍。对科普人员的选拔程序应严格把关，对科普人员进行学习、培训和锻炼，提高科普人员专业素质和专业能力，从而有利于科普工作的进行，提高科普工作的质量。政府要在科普队伍建设中起主导作用。一方面，加强科普工作的规章制度建设，提高科普工作人员的工作待遇，为科普工作者稳定工作提供保障。另一方面，对科普人员发展和培养的各个程序要严格把关，比如培训什么、如何培训、怎样培训，对于科普组织方面要给予经费的支持，以此保障科普工作严格有序进行。

2. 重视经营主体的科普职能

农产品生产企业和农民合作社也承担着农产品质量安全舆情的科普重责。首先，针对企业和合作社内部，可以提高企业员工专业素质。员工个人专业水平与产品质量息息相关，高素质高水平的员工队伍能够增加农产品价值，为企业在市场中增加竞争力。其次，企业员工科普能够保障企业健康发展。科普除了必要的专业知识科普，还有员工生产活动中相关知识科普，例如，加强防火防灾意识、增强员工环保意识、提高员工责任意识等，这些知识不能直接带来经济效益，但是能够增强企业的长久续航能力。再次，针对农民，农企合作模式可以节省企业生产成本。在农企合作中，企业为农户进行优良种子挑选、进行先进种植技术和农产品质量安全培训，可直接提高农村居民生产水平，也为农村科普的发展提供良好的环境。

企业科学技术普及是利用自身有形的资本和无形的资本、利用自身的产业结构和优势来参加和支持科学普及活动。企业在科学技术普及的过程中扮演着越来越重要的角色，在特定领域中，企业能够充分的担当和发挥其独特的科学技术普及职能和优势。

3. 增强基层管理人员的主动科普意识

基层管理者要在充分了解本地居民生产生活状况的基础上，整合优势资源，建立多元、多态、多维的农村科普动员路径。要自发与科协组织和政府相关部门进行联系，主动组织群众进行科普讲座、阅读科普书籍、参观科普展览馆、观看科普影片等活动，自觉承担起科普工作中的责任。

第三节　农产品质量安全舆情科普典型案例

针对产地环节农产品质量安全舆情事件，以种植环节——农药残留（2015年草莓乙草胺事件）、种植环节——三剂（黄瓜“顶花带刺”是抹了避孕药吗）、养殖环节——兽药（“速生鸡”事件）、养殖环节——角黄素“土鸡蛋”为例，分析负面舆情事件的发生发展规律，寻找适宜科普的环节及科普方式。

一、种植环节——农药残留（2015年草莓乙草胺事件）

【舆情】2015年4月25日，央视财经频道“是真的吗”栏目播出关于草莓使用乙草胺的节目。节目报道声称，记者随机购买8份草莓样品送到北京农学院进行检测，结果检出乙草胺残留比欧盟超标6倍，并有“专家”解说乙草胺是2B类致癌物，如果长期摄入乙草胺含量较高的食物有可能中毒，甚至具有致癌性。节目一经播出，立即引发舆论的强烈关注，消费者不敢再吃草莓。

4月26日，该报道被大量转载，27日达到传播高峰，媒体主要质疑监管部门不作为。随后，科信食品与营养信息交流中心、果壳网等网络媒体发表文章质疑央视报道的检测结果，被人民日报、新华社等10余家主流媒体转载。

【分析】

（1）国际上按证据强弱对致癌物分级，2B级致癌物指是对人类可能致癌，但证据不足或有限。乙草胺致癌的可能性要远远低于咸鱼、酒精和烟草等 1 级致癌物。

（2）草莓检出乙草胺的结果由无资质实验室提供。北京农学院有关实验室并不具备国家认定的农药残留检测资质，其检测结果并不具有法律效力。任何风险交流都需要专业背景知识作为坚实的后盾，食品安全风险交流更是如此。公众对可能存在的风险过于恐慌的主要原因是其缺少科学、客观、真实的知识信息，因而不能理性认识可能出现的食品安全问题。此次“草莓事件”中，相当一部分网民对检出农残和农残超标等概念混淆不清，不能识别新闻报道中存在的科学问题，仅有 12.35%的网民经过理性思考后提出了对央视报道的质疑。检测结论的得出，需要系统和科学合理的抽样调查、实验分析、数据整理得出结果，需要相关学术人员的专业论断和解读，而不是几个致癌词汇，完全不具有统计学代表性的几个样本就能得出的结论。科学的“擦边球”看似有理有据，实则太不安全。

【科普要点】

1. 乙草胺会致癌吗？

乙草胺是一种选择性芽前土壤处理除草剂，主要通过单子叶植物的胚芽鞘或双子叶植物的下胚轴吸收，吸收后向上传导，主要通过阻碍蛋白质合成而抑制细胞生长，使杂草幼芽、幼根生长停止，对未出土的杂草有较好的防除效果。

美国环保局将乙草胺定为 2B 类致癌物质，这是否说明吃了含有乙草胺的食品会致癌呢？致癌物严格说来只是致癌的外部因素。国际肿瘤研究所（IARC）对人群致癌性化学物质的分类指出，2B 类致癌物属于可疑人类致癌物，包括人类致癌性证据有限，且动物实验致癌性证据不够充分的化合物；或人群致癌性资料不确切，但动物致癌性证据充足的化合物；以及有时虽然人群致癌性资料不充分，动物致癌性资料也有限，但有其他相关资料支持的化合物。我国科技工作者开展的乙草胺致癌病理学试验的评价结果表明，给 SD 大鼠每日摄入120mg/(kg体重·d）的乙草胺至104周，对SD大鼠未检出致癌阳性结果。可以认为，作为2B类致癌物质的乙草胺，其致癌性在人类未获得肯定证据，在动物实验中证据不够充分，至少是存在学术上的争议。所以直接表述乙草胺致癌并不妥当。

2. 草莓种植用不到乙草胺

在我国，乙草胺只在水稻、玉米、大豆、花生和油菜等大田作物中登记使用。草莓是一种草本植物，从草莓的标准种植过程来看，使用乙草胺并导致其残留超标的可能性很低。首先，乙草胺一般在作物出芽前使用，从草莓的生长周期看，此时的使用不可能会残留那么久，消费者买到含乙草胺草莓的几率并不大。其次，草莓属于草本植物，对除草剂非常敏感，过多使用乙草胺会对草莓苗造成伤害，甚至杀死幼苗。在草莓的结果期也不可能使用，因为此时用除草剂毫无效果，只会增加成本。再次，如今的草莓种植大多采用地面覆膜，以防草莓触地后发生霉变，降低品质和产量。

目前，草莓种植主要使用地膜覆盖法和高架立体栽培法。地膜覆盖本身就能很好地抑制杂草生长，而高架立体栽培法是一种使用营养液的无土栽培方法，完全离开土壤的草莓可以避开多种病虫害，如果做好环境清洁工作，可以实现完全的无公害栽培。另外，乙草胺降解的速度很快，即使使用了，等到草莓成熟时残留量也会非常少，甚至有可能完全降解掉。

二、种植环节——三剂（黄瓜“顶花带刺”是抹了避孕药吗）

【舆情】“黄瓜使用避孕药”近年来一直在网络中传播。《黄瓜出事儿了，快点看!》有网友传出这样一条视频，如今视频已经下线，网友描述说，视频显示市场售卖的黄瓜大都是顶花带刺的，看着特别新鲜，批发市场上有菜农承认，这种顶花带刺的黄瓜用过化学激素，所以“卖相”特别好，个个直溜溜的，而且黄花也凋谢的晚。

值得注意的是，除了包括声称“顶花带刺”的黄瓜是抹“避孕药”所致外，黄瓜问题在传播过程中还逐渐出现了一些“变体”。例如，有媒体爆料称“市民咬过的黄瓜还长个，是激素所致，不能吃”；网络传言“直黄瓜是激素药物所致，弯黄瓜才是天然食品”；有市民通过媒体爆料称，“黄瓜放了几天后，‘肚子’跟怀孕了一样，鼓出来很多，疑似激素用多了”；“连体黄瓜有毒”等。

对于“黄瓜抹避孕药”的谣言，政府、专家和媒体曾多次辟谣。2013 年，上海市食品安全监管部门对市售带花黄瓜进行了安全性专项监测，未发现违规现象；2015 年，农业农村部农产品质量安全风险评估实验室（杭州）主任王强研究员从植物生长调节剂的功能作用与农产品质量安全性角度对相关问题进行了科学解答；2016 年，“避孕药黄瓜”谣言再起，多地农业部门再次组织相关专家进行了集中辟谣。

【分析】“黄瓜使用避孕药”问题系谣传，是媒体人员及消费者不了解黄瓜生长发育及植物激素与动物激素的区别。黄瓜“顶花带刺”不完全是使用激素产生，自然气候条件适宜也会顶花带刺。

【科普要点】

1. “避孕药黄瓜”纯属谣传

人们常说的避孕药是动物激素，对黄瓜生长发育没有任何作用，不可能使用在黄瓜上。人们之所以谣传为避孕药，可能是因为黄瓜上使用的植物生长调节剂能促进黄瓜生长发育，具有激素的作用，避孕药也是激素，结果，传来传去，最后传成了黄瓜使用避孕药。这完全是一种误解，混淆了植物激素与动物激素，植物激素只对植物有作用，对人和动物无作用，更不可能引起儿童性早熟。我国允许在黄瓜上使用赤霉素、芸苔素内酯、氯吡脲等 10 种生长调节剂，都是植物激素，与动物激素在性质、结构、功能、作用机理等方面是完全不同的两类物质。好比植物花粉的主要成分就是植物的精子，但人吃了植物花粉（含植物精子）并不会怀孕。

2. 黄瓜“顶花带刺”的形成机理

黄瓜的花基本上是雌雄同株异花，偶尔也出现两性花。黄瓜果实为假果，可以不经过授粉、受精而结果，这样的“单性结实”就会长出“顶花带刺”的黄瓜。但有时候，受气温、光照等因素影响，黄瓜植株生长较弱，生长缓慢，黄瓜自身的内源激素不足会导致坐果率低，影响产量。因此，农户会在开花当天或前一天用植物生长调节剂如浓度约为50mg/L的氯吡脲来涂抹花柄，以刺激黄瓜生长结果。所以，冬春季节生产的“顶花带刺”黄瓜，部分是由于黄瓜自然单性结实产生的，也有个别是使用氯吡脲产生的黄瓜单性结实而出现的，并不是传说的使用“避孕药”所致。

3. “顶花带刺”黄瓜可以吃

国内外从来就没有发生过因为吃了使用植物生长调节剂的农产品而引起食物中毒的事例。根据我国《农药管理条例》，植物生长调节剂是按照农药进行管理的。我国对植物生长调节剂登记要求十分严格，登记前需进行大量科学试验，只有证明其对人体、动物及环境不会产生不利影响才获批准。只要按照标准使用，都是安全的。植物调节剂不仅在中国使用，在国外也被广泛运用。目前，我国已登记允许使用的植物生长调节剂共有38种，其中有10种允许栽培黄瓜时使用，包括氯吡脲、赤霉素等。使用植物调节剂时，农户对剂量与浓度都有讲究，涂抹过多会导致黄瓜畸形，而畸形的黄瓜没有市场。因此植物生长调节剂一般用量少、浓度低，加上多用于花期和坐果初期，有足够时间降解，待黄瓜成熟采收时，即使个别有残留，含量也微乎其微了。上市蔬菜、水果中基本不会有植物生长调节剂残留。大量收获期农产品监测结果显示，上市农产品中基本无植物生长调节剂残留或残留量极其微量。因此，即使偶尔我们吃到使用过植物生长调节剂的农产品，只要其残留不超标，就是安全的。

4. 直黄瓜、弯黄瓜都可在自然条件下生长形成

至于黄瓜的形状是直的还是弯的，跟避孕药更没有关系了。黄瓜的形状取决于黄瓜的品种、产地等因素，形状的不同不会带来营养价值的差异。一般来说，直黄瓜才属正常。如果温、光、水、肥等条件比较好，黄瓜植株生长健壮，直黄瓜出现的比例就多；如果环境条件不好，出现低温弱光、高温强光、

缺水、养分不足等情况，导致黄瓜早衰或者生长不良，植株结出的弯黄瓜比例就会比较高。出现这种情况时，科学家们就想出一些办法来调控，以减少弯瓜的比例。一般使用的是植物生长调节剂氯吡脲。氯吡脲是植物生长调节剂，也叫植物外源激素，对人体生长发育无作用和影响，正常使用对人体无害。氯吡脲在我国按农药进行管理。按照农药管理规定，只有取得农药登记并获得了生产许可后方可进行生产、经营和使用。

5. 连体黄瓜不影响食用

连体黄瓜是由于黄瓜花的两个或多个子房在雌蕊中生长发育时，长期紧挨在一起，部分细胞、组织之间出现愈合，营养成分、生长物质互相交流生成的。也有可能是黄瓜孕育花苞时，两个花蕊连在一起生成的。但由于子房都有一定间隙，紧挨在一起的机会很小，所以连体黄瓜出现的概率并不高。

蔬菜中时常有这类连体蔬菜，其中黄瓜、番茄比较常见，樱桃、草莓、香蕉等水果也常见到连体的。“连体果蔬”是由于果实在生长发育中受到高温、环境的影响没有分化好而造成的，除了外形和普通果蔬不一样之外，其营养价值和正常蔬菜、水果没有大的差别，不会对人体造成伤害，可以放心食用。

三、养殖环节——兽药（“速生鸡”事件）

【舆情】2012 年 11 月 23 日，有媒体报道了肯德基中国的鸡肉供应商粟海集团用有毒化学品饲养肉鸡，以便将生长周期从 100d 压缩到短短的 45d 的消息。有爆料称饲料把周边的苍蝇都毒死了，这则消息让人们不寒而栗。

肯德基在当天作出回应，否认所有指责，并称 45d 是行业标准。同时，肯德基中国强调，粟海集团供应的肉鸡仅占到其鸡肉供应总量的不到 1%。山西粟海集团也回应表示，“速成鸡”即白羽鸡，45d 属于正常生长期。该企业并承诺，其严格执行国家相关标准，肉鸡养殖全过程实行标准化管理等。

中央电视台于 2012 年 12 月 18 日在《朝闻天下》节目中曝光了山东一些养鸡场违规使用抗生素和激素来养殖肉鸡，并提供给肯德基、麦当劳等快餐企业的新闻。报道称，央视记者经过对山东青岛、潍坊、临沂、枣庄等地长达 1 年的调查之后发现，为了减少鸡的正常死亡，一些养殖户为了使得肉鸡能够快速生长，违规使用了金刚烷胺等抗病毒药品。同时，地塞米松等激素类药品也成为催生肉鸡生长的秘密“武器”。中央电视台在 2012 年 12 月 19 日中午“新闻 30 分”报道称，此前央视曝光山东的问题速生鸡进入百盛上海物流中心、被配送到了肯德基门店后，记者发现，肯德基从山东六和集团进的 8 万 t 鸡类产品实际上已经销售一空了，而药监部门抽取的这些样品并非六和集团的鸡类产品。至此，“速生鸡”话题被彻底点燃，在社会上引起不小的震荡。事件诱发了网民对家禽类产品使用激素、抗生素问题的过度担忧，进而引发舆情连锁反应。由此，针对“速生鸡”问题，农业农村部在内的主管单位和部门在第一时间做出了应对。

【分析】“速生鸡”问题，更多是因为媒体及网民不了解畜禽养殖新品种、新技术及现代畜禽生产方式，也不排除个别养殖户、生产商违规用药。白羽鸡长得快主要是育种、饲料和环境条件。我国禁止人用药品用于养殖业生产、禁止在饲料和动物饮用水中添加激素类药品和其他禁用药品、禁止销售含有违禁药物或者兽药残留量超过标准的食用动物产品。

【科普要点】

1. “速生”并非那么可怕

媒体报道的“大肉食鸡”叫白羽鸡，其特点就是生长快，出栏快，一般 40~50d 就可以出栏。白羽鸡长得快有三大原因，即育种、饲料和环境条件。我国的白羽鸡全是从国外引进，是育种专家经过上百年选育的成果。养殖业讲究料肉比，据测算，42~45d 出栏，料肉比最高，大约在 1.7∶1 或 1.8∶1。

2. 饲料安全可靠

消费者对肉食鸡的质疑，也反映在饲料上，是不是饲料中添加了不该添加的东西？规模化大型养殖场所用饲料全是全价配方饲料，也是品牌饲料，是经过国家检测合格的。目前大型企业所用饲料分 1 号料、2 号料、3 号料。小鸡一出生先喂吸收利用率高的1号料，便于消化，与婴幼儿吃配方奶粉是一个道理；14d是鸡全面长骨骼肌肉的时期，这时再喂2号料，蛋白质和能量比前期略微低一点，这个时期为了降低饲料成本，花生粕、豆饼都用；35d以后，是脂肪累积阶段，喂3号料，以油脂为主，豆粕少一点。

3. 养殖环境和饲养条件好也是鸡“速成”的原因之一

现在肉食鸡的生长环境是传统养殖方式无法比拟的。从出壳到出栏，鸡都有严格的环境要求。大型企业皆有温度湿度控制装置，自动通风、自动给水、自动上料、自动清粪，有害气体浓度一超标立即通风。消费者不接受速成鸡也是可以理解的。在我们印象中，鸡要半年以上才能出栏，让人相信40d吃上鸡肉要有个过程。过去小麦亩产量一二百斤属高产，现在一亩地打千斤稀松平常，但人们对小麦高产已接受，但对速生鸡还未完全接受。消费者对现代畜禽生产方式不了解，是导致误解的重要原因。现代技术使畜禽生长周期缩短，育种贡献最大，其次是养殖技术、环境的极大改善，人们对传统养殖方式的深刻印记使得接受现代养殖模式有点困难。

4. 用激素药物价格高昂

消费者对肉食鸡质疑的另一个问题是用药问题。只要是规范化、经农业部门认可的养鸡场，都是规范用药，许多养殖场已经开始用中成药，不再用抗生素。至于说到速成鸡不如笨鸡“好吃”，那是口味问题，与产品质量没多大关系。山东省肉食鸡养殖量和出口量皆是全国第一，山东肉鸡养殖模式基本与世界同步，山东肉鸡出口美日欧等西方发达国家，而这些国家对食品安全要求近乎苛刻，如果不安全他们是不会要的。

四、养殖环节——角黄素“土鸡蛋”

【舆情】2019年央视“3·15”晚会曝光了湖北省知名的神丹牌、莲田牌“土鸡蛋”实为普通鸡蛋冒充，同时在商标上玩猫腻，分别注册“鲜土”“好土”商标，让消费者误以为是“土鸡蛋”。被曝光后，多个电商平台下架“神丹”产品。针对质疑，神丹公司官方微博回应称，“好土”是合法商标，从未宣传鸡蛋来源于散养。今后“好土”商标只用于散养鸡蛋。

神丹公司的回应，避重就轻。归结起来，大致有两个核心意思，一者，“好土”商标使用合法有效；二者，将对全体员工尤其是一线员工加强食品安全和宣传导向培训。这就类似于鸡同鸭讲。舆论质疑把普通鸡蛋“化妆”成了土鸡蛋，说鸡饲料中添加斑蝥黄，在国家相关规定中是允许的；舆论质疑涉嫌误导消费者，公司说商标是合法的。

诚然，在相关国家规定中，家禽饲料可以添加斑蝥黄，但具体添加多大的量，似乎并没有明确的规定。而被曝光的“化妆土鸡蛋”蛋黄颜色更深，是否存在超量添加斑蝥黄？国家相关标准对于“土鸡蛋”没有界定，但并不代表就可以做引人误解的宣传，“鲜土”牌鸡蛋变成“鲜土鸡蛋”，“好土”牌鸡蛋变成“好土鸡蛋”，明显存在着误导消费者的嫌疑。而且，普通鸡蛋“化妆”后，售价高出了1~2倍，涉嫌欺诈消费者。

【分析】“化妆”土鸡蛋，是将角黄素添加到饲料里，蛋黄颜色更深，安全性没有问题。

“3·15”曝光的这个事情的重点是商家弄虚作假，用“染色鸡蛋”冒充“土鸡蛋”，跟斑蝥黄的安全性没有关系。

【科普要点】

1. 斑蝥黄是什么东西？

斑蝥黄，又称为角黄素，是一种天然存在于甲壳、鱼类、藻类等生物体内的类胡萝卜素。它是一种橙红色的色素，稳定性比较好，常用于饮料、酱料、肉类等食物的调色，可让蛋黄颜色更鲜红，让动物肉的色泽更红润。

不过，角黄素一般不用于食品着色，主要用于饲料的添加，可天然提取，也可人工合成。用角黄素喂动物是国际通行的做法。由于人工合成要比天然提取更加经济实惠，所以作为饲料添加剂的角黄素，基本上是人工合成的。不过，有些强调“纯天然”的饲养场会用天然提取的角黄素。

2. 斑蝥黄合法吗？

目前在中国，斑蝥黄是合法的饲料添加剂。在《饲料添加剂品种目录（2013）》里面，斑蝥黄的应用范围为家禽。因此在中国，在鸡饲料里添加斑蝥黄，完全合法合规。在美国和欧盟的法规中，斑蝥黄还可以作为食品添加剂，直接加入到食品里面。但在中国，斑蝥黄还不是食品添加剂，只能作为饲料添加剂使用。

鸡蛋蛋黄的颜色跟饲料组分有很大关系，饲料组分中天然来源的叶黄素、玉米黄素的含量很大程度上决定了蛋黄的颜色。实际上，只要往鸡饲料里定向添加类胡萝卜素大类的色素，就能改变鸡蛋的颜色，斑蝥黄就是类胡萝卜素这个大类的色素之一。添加斑蝥黄，不仅可以让鸡蛋蛋黄颜色变得更深，还可以让鸡肉本身的颜色变得更加鲜明。

3. 斑蝥黄安全性如何？

根据目前的大规模安全性研究来看，斑蝥黄无论作为食品添加剂，还是饲料添加剂，都是相当安全的。

早在 1995 年，JECFA（世界食品添加剂联合专家委员会，一个专门审核食品添加剂安全性的机构）就对斑蝥黄的安全性做过详细研究，最后得出了每日允许限量 0. 03mg/kg 体重。随后，这个结果又被多个机构验证，其中包括欧盟的食品科学委员会（EU Scientific Committee for Food）。2010 年，欧盟食品安全局（EFSA）评估了斑蝥黄的剂量问题，最后的结论是，在饲料中添加的斑蝥黄，通过食品摄入到人体内，不会超过每日允许限量。因此，目前的用法不会造成食品安全隐患。

4. 土鸡蛋更健康更安全吗？

土鸡蛋和笼养鸡的鸡蛋相比，营养价值上没有很大差异，很难说孰优孰劣。

美国北卡罗来纳州立大学做过一个有趣的研究，他们将 500 只刚刚孵化的鸡分为两组，一组自由放养，另一组笼养起来。当两组母鸡都成熟后，研究人员分别对它们在50周、62周及74周时产下的鸡蛋进行营养分析，结果发现，不同饲养环境并没有显著影响鸡蛋中维生素A及维生素E的含量，这两种蛋的胆固醇含量也没有差异。

从安全性来说，土鸡蛋也并非更安全，由于土鸡散养环境存在不确定性，它受环境污染和感染病菌的风险反而较大。国内就有研究对土鸡蛋中的沙门氏菌和大肠杆菌的检测，结果显示，土鸡蛋的蛋黄、蛋清都有被污染的问题存在，这是因为土鸡饲养、土鸡蛋收集等环节都可能被致病菌污染。

2010年，我国台湾成功大学的科研人员发表了一项研究。他们从市场上购买了不同来源的“散养鸡蛋”和“笼养鸡蛋”，测量其中的二噁英含量。二噁英是一种因为燃烧产生的环境污染物，长期大量摄入有致癌的风险。他们发现，“散养鸡蛋”的二噁英含量是笼养鸡蛋的5.7倍。虽然绝对含量尚在可接受范围之内，不过“散养鸡蛋比笼养鸡蛋污染物高”的这个事实很值得关注。所以，土鸡蛋并没有大家想象的那么好。

5. 蛋黄颜色越红，营养价值越高吗?

其实并不会，不要凭蛋黄的颜色判定鸡蛋的营养。

蛋黄中的色素主要是一些类胡萝卜素，叶黄素、玉米黄是最常见的两种。不过，鸡自己并不能生产类胡萝卜素，它们其实是来自平时吃的食物。

对于散养的鸡来说，它能摄取多少叶黄素完全决定于放养环境，比如夏季能采食到青草、昆虫等，蛋黄颜色就会较深，冬天吃的青草昆虫少，蛋黄颜色就会偏淡。而笼养、规模化饲养的商品蛋鸡摄取的叶黄素取决于饲料。由于黄色较深的鸡蛋更符合人们的需求，饲养者通常会额外在饲料中添加叶黄素，使鸡蛋黄“品相”更好一些。其实蛋黄颜色不同，鸡蛋的整体营养价值也并没有差异。而且，我们获得叶黄素的最佳途径并不是蛋类，而是各种蔬菜和水果，毕竟一天一般就吃一个鸡蛋而已。

参考文献

"3·15"晚会曝光："化妆"出来的土鸡蛋［EB/OL］. 2019-03-15. 环球网. https：//baijiahao. baidu. com/s？id = 1628078469911373659&wfr = spider&for = pc.

陈本晶，宋卫国，沈源源，等. 2016. 我国农产品质量安全信息体系构建研究［J］. 农产品质量与安全（2）：70-75.

陈业兵，赵善仓，刘伟，等. 2013. 山东省农产品质量安全风险来源与防控措施研究［J］. 农产品质量与安全（4）：25-27.

戴芬，王强，于国光，等. 2018. 农产品质量安全舆情科普模式研究［J］. 科普研究，13（5）：59-67.

邓玉，李祥洲. 2014. 农产品质量安全信息预警机制构建研究［J］. 中国食物与营养（12）：5-9.

邓玉，钱永忠，李祥洲，等. 2018. 农产品质量安全舆情风险综合指数研究［J］. 食品安全质量检测学报，9（17）：4734-4741.

丁菊玲，勒中坚，王根生. 2010. 我国网络舆情危机预警研究探讨［J］. 情报杂志，29（10）：5-8.

董燕婕，张树秋，赵善仓，等. 2014. 农产品生产环节存在的安全风险隐患探析——以山东省为例［J］. 农产品质量与安全（2）：63-66.

董燕婕，赵善仓，李祥洲，等. 2017. 产地环节农产品质量安全舆情发生特点及应对措施研究［J］. 山东农业科学，49（8）：150-154.

董燕婕，赵善仓，李增梅，等. 2015. 产地农产品质量安全信息管控机制研究——以山东省寿光市为例 [J]. 农产品质量与安全 (4)：63-66.

何龙，曾胜威. 2018. 基于网络舆情的农产品质量安全事件应急管理 [J]. 江西农业 (10)：76.

胡雨薇. 2018. 新媒体环境下网络舆情的应对策略研究 [D]. 郑州：郑州航空工业管理学院.

湖南万吨“镉大米”流入广东 [EB/OL]. 2013-03-13. 南京日报. http://www.chinadaily.com.cn/hqzx/315jiandu/2013-03/13/content_16-304514.html.

黄瓜用避孕药？这“锅”我不背 [EB/OL]. 2019-06-28. 市场导报. https://news.hexun.com/2019-06-28/197670211.html.

《焦点访谈》20130504 食品安全又出重拳/管不住的“神农丹” [EB/OL]. 2013-05-04. http://tv.cntv.cn/video/C10326/c6e91fbc4b0c45f2967585-1b090db290.

金发忠. 2014. 我国农产品质量安全风险评估的体系构建及运行管理 [J]. 农产品质量与安全 (3)：3-11.

李祥洲，邓玉. 2015. 食用农产品质量安全问题的国民心态分析——以北京市“草莓农残超标致癌”舆情事件为例 [J]. 中国食物与营养，21 (6)：5-9.

李祥洲，邓玉. 2018. 农产品质量安全舆情热点科普解读 [M]. 北京：科学出版社.

李祥洲，钱永忠，邓玉，等. 2017. 2016 年我国农产品质量安全网络舆情监测与分析 [J]. 科学通报，62 (11)：1095-1102.

李祥洲. 2015. 农产品质量安全舆情监测分析概论 [M]. 北京：中国农业出版社. 11.

李祥洲. 2017. 我国农产品质量安全问题治理对策探讨 [J]. 中国食物与营

养，23（1）：12-16.

李祥洲. 2017. 我国食用农产品质量安全网络舆情风险分析的内涵和外延［J］. 农产品质量与安全（5）：3-7.

廖家富，唐章林，唐维超，等. 2018. 基层农产品质量安全舆情风险监测应对模式［J］. 中国食物与营养，24（5）：5-9.

刘丽. 2017. 四川省农产品质量安全网络舆情监测工作开展现状及其发展思考［J］. 四川农业科技（10）：10-11.

媒体曝山东烟台红富士苹果套农药袋长大［EB/OL］. 2012-06-11. 凤凰网财经. http://finance.ifeng.com/news/bgt/20120611/6587867.shtml.

全国人大常委会法工委. 中华人民共和国农产品质量安全法释义［M］. 北京：法律出版社.

谈国新，方一. 2010. 突发公共事件网络舆情监测指标体系研究［J］. 华中师范大学学报（人文社会科学版），49（3）：66-70.

吴绍忠，李淑华. 2008. 互联网络舆情预警机制研究［J］. 中国人民公安大学学报：自然科学版，14（3）：38-42.

徐学荣，赖永波. 2014. 农产品质量安全网络舆情风险监控探析［J］. 福建行政学院学报，146（4）：95-100.

央视报道“草莓农残超标致癌”［EB/OL］. 2015-05-08. 农民日报. http://newpaper.dahe.cn/dhjkb/html/2015-05/08/content_1259599.htm?div=-1.

央视曝光违禁药物催肥速生鸡专供肯德基［EB/OL］. 2012-12-18. 搜狐网. https://v.qq.com/x/cover/95u6fq5ge51dzwa/h0011cbrmj6.html? ptag=qqbrowser.

央视网视频，每周质量报告，3·15 特别行动“健美猪”真相［EB/OL］. 央视网. http://tv.cntv.cn/video/C10354/a1f37b91069e415e0288ec9b7c1a94e5.

杨晓霞，廖家富，李祥洲，等. 2015. 产地农产品质量安全信息体系的构建及应用研究——以“三品一标”为例［J］. 农产品质量与安全（3）：16-19.

于国光，王强，戴芬，等. 2018. 我国农产品质量安全科普模式研究［J］. 食品安全质量检测学报（12）：332-335.

余芳. 2015. 基于网络舆情的农产品质量安全事件应急管理分析研究［D］. 湖南：湖南农业大学.

张春峰. 2011. 网络舆情危机的预警方法概述［J］. 科技信息（23）：33，92.

张蕾. 2011.“食品安全事件”中网络媒体的呈现视角与功能分析［J］. 新闻知识（11）：48-50.

张树秋，董燕婕，赵善仓，等. 2015. 农产品质量安全监管“安丘模式”探析［J］. 农产品质量与安全（6）：63-66.

张树秋，赵善仓，李增梅，等. 2013. 农产品质量安全突发事件成因及应急处置对策研究——以山东省为例［J］. 农产品质量与安全（5）：16-19.

张星联，钱永忠. 2014. 我国农产品质量安全预警体系建设现状及对策研究［J］. 农产品质量与安全（2）：23-26.

张祚本，钟永玲，韩洁. 2019. 农产品质量安全谣言短视频剖析与治理［J］. 农产品质量与安全（1）：24-29.

赵珞琳，何笑然，田丽. 2016. 我国网络舆情系统存在的功能性问题及对策［J］. 图书情报知识，2171（3）：110-115.

赵善仓，李增梅，董燕婕，等. 2014. 山东省农产品质量安全事故产生原因及应对措施［J］. 山东农业科学，46（11）：132-133，136.

赵善仓，赵领军，董燕婕，等. 2018. 产地农产品质量安全舆情及应急处置［J］. 中国食物与营养，24（5）：10-13.

钟永玲，张祚本. 2018. 中国“三农”网络舆情报告（2018）［M］. 北京：社会科学文献出版社，61-77.